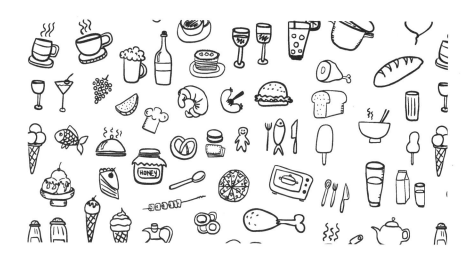

239 Low Carb Rezepte

Einfache Gerichte für Frühstück, Mittag- und Abendessen sowie für den kleinen Hunger für zwischendurch!

HAFTUNGSAUSSCHLUSS

Der Inhalt von diesem Buch wurde mit großer Sorgfalt geprüft und erstellt. Für die Vollständigkeit, Richtigkeit und Aktualität der Inhalte kann jedoch keine Garantie oder Gewähr übernommen werden. Der Inhalt dieses Buches repräsentieren die persönliche Erfahrung und Meinung des Autors und dient nur dem Unterhaltungszweck.

Der Inhalt sollte nicht mit medizinischer Hilfe verwechselt werden. Es wird keine juristische Verantwortung oder Haftung für Schäden übernommen, die durch kontraproduktive Ausübung oder durch Fehler des Lesers entstehen. Es kann auch keine Garantie für Erfolg übernommen werden. Der Autor übernimmt daher keine Verantwortung für das Nicht-Erreichen der im Buch beschriebenen Ziele. Dieses Buch enthält Links zu anderen Webseiten. Auf den Inhalt dieser Webseiten haben wir keinen Einfluss.

Deshalb kann auf diesen Inhalt auch kein Gewähr übernommen werden. Die verlinkten Seiten wurden zum Zeitpunkt der Verlinkung auf mögliche Rechtsverstöße überprüft. Für die Inhalte der verlinkten Seiten ist aber der jeweilige Anbieter oder Betreiber der Seiten verantwortlich. Rechtswidrige Inhalte konnten zum Zeitpunkt der Verlinkung nicht festgestellt werden.

3

INHALTSVERZEICHNIS

Ernährungsplan mit Low Carb Gerichten   20

FRÜHSTÜCKSGERICHTE

Herzhaftes Käse-Omelett	49
Chia-Pudding mit Himbeeren	50
Brokkoli-Käse-Muffins	51
Bananenbrot mit Blaubeeren	52
Hafer-Waffeln	53
Beeren-Crumble	54
Schoko-Zucchini-Brot	55
Schokobrötchen	56
Stracciatella-Kokos-Quark	57
Low-Carb-Müsli	58
Schoko-Haselnuss-Aufstrich	59
Walnussbrot	60
Eier-Wölkchen	61
Low Carb Pancakes	62
Süßes Rührei	63
Frühstücksburrito	64
Nuss-Müsliriegel	65
Low Carb Frühstückskekse	66
Low Carb Brötchen	67
Low Carb Fladenbrot	68
Tomaten-Oliven-Aufstrich	69
Frühstücksquark	70
Kokos-Porridge	71
Kürbis-Beigels	72
Johannisbeer-Chia-Marmelade	73
Matcha-Shake	74

Schoko-Erdnuss-Quark	75
Schinken-Käse-Frittata	76
Omelett mit Schinken	77
Omelett mit Räucherlachs	78

MITTAG- UND ABENDGERICHTE

Heißer Blumenkohl	81
Fischfilet mit Spinat	82
Thunfisch-Tomaten	83
Seeteufel Leckerei	84
Gulasch mit Rote Beete	85
Brokkoli mit Feta	86
Chia-Kiwi-Pudding	87
Rinderfilet-Röllchen	88
Lammrücken mit Spargel	89
Fitness-Rotkohl	90
Leckere Spieße vom Grill	91
Haselnussbrot	92
Rindersteak mit Bohnen	93
Hähnchenbrust mit Senf	94
Thymian-Lachs	95
Fitness Tomaten-Suppe	96
Dunkles Low Carb Brot	97
Gemüse-Hack-Pfanne	98
Low Carb Pizza	99
Chia-Joghurt	100
Portugiesische Cataplana	101
Lachsfilet auf Salat	102
Eiweiß Flammkuchen	103
Dorschfilet mit mediteranem Gemüse	104
Zucchini-Suppe	105
Hähnchenbrustfilet mit Karotte	106
Hähnchenbrustfilet mit Brokkoli	107

Kürbis mit Orange 108
Aubergine mit Tomate 109
Hähnchenbrustfilet mit Orangen-Salat Beilage 110
Chili con carne 111

SNACKS UND DESSERTS

Apfel-Walnuss-Muffins 113
Gefüllte Avocado 114
Käseküchlein ohne Boden 115
Ricotta-Crêpes 116
Tomaten-Quiche ohne Boden 117
Griechische Frittata 118
Himbeer-Vanille-Tarteletts 119
Low Carb Schoko-Pudding 120
Gebackene Apfelringe 121
Low Carb Brownies 122
Zitronen-Tassenkuchen 123
Carrot Cake Pancakes 124
Rhabarber-Joghurt-Parfait 125
Honigmelone-Schinken-Häppchen 126
Magerquark-Joghurt 127
Beeren-Quark 128
Quark-Muffins 129
Spinat-Tacoshells 130

SALATE

Hähnchenbrustfilet mit Salat	139
Griechischer Salat	140
Avocado-Bohnen Salat	141
Caesar Salad mit Hähnchenstreifen	142
Thunfisch mit Ei Salat	143
Avocado-Ei-Salat	144
Hüttenkäse-Tomaten-Salat	145
Gurken-Obst-Salat	146
Tomate-Mozzarella-Salat	147
Walnuss-Mandel Salat	148

SMOOTHIES UND SHAKES

Johannisbeer-Frappé	151
Grüner Smoothie	152
Kaffee Frappé	153
Strawberry Cheesecake Shake	154
Schoko-Erdnuss-Milchshake	155
Lila Beerensmoothie	156
Matcha-Shake	157
Grüner Smoothie	158
Grüner-Ingwer-Smoothie	159
Himbeer-Buttermilch-Smoothie	160
Blaubeer-Melonen-Smoothie	161

NO CARB REZEPTE – WENIGER ALS 5 GRAMM KOHLENHYDRATE

Zucciniauflauf mit Cottage Cheese	163
Bärlauchcremesuppe	
Schnitzelröllchen auf spanische Art	164
Gegrillte Hähnchenspieße mit Salsa Verde	165
Garnelen Spieße mit Kurkuma	166
Geräucherter Lachs mit Zitrone	167
Grüner Spargel mit Lachsfilet und Dillbutter	168
Omelette ala Margherita	169
Tomatensuppe mit Muskat und Ingwer	170
Caprese Salat mit Parmaschinken	171
Rollmobs	172
Überbackener Blumenkohl mit Kräutern	173
Hähnchenbrustfilet mit Salat und Orangenfilets	174
Entrecote Steak	175
Geräucherte Forelle mit Dressing und Spinat	176
Puten-Kebab-Spieße mit Salat	177
Rucola-Gorgonzola-Salat	178
Spiegelei mit Paprika und Brokkoli	179
Omelette mit Zwiebeln und Champignons	180
Grillspieße mit Huhn, Pilzen und Pimientos	181
Tom Yam Gung Suppe	182
Schweinefilet in Pilzsauce	183
Erdbeer Vanille Shake	184
Fischbällchen mit Kokospanade	185
Gegrilltes Steak mit grünen Bohnen	187
Spargelsalat mit Garnelen und Ei	188
Thunfischsteak	189
Pfifferlinge gebraten in Thymian-Zitronen-Butter	190
Erdbeer Vanille Shake	191
Gebratene Champignons	192
Mandelkuchen	193
Rehsteaks mit Pfifferlingen	194

Rindfleischsalat-Österreichische Art	195
Scharfe Grillspieße mit Salat	196
Carpaccio mit Käse und Rucola	197
Schokomuffins mit Erdbeeren	198
Warmer Spargelsalat	199
Erdbeeren auf Blattspinat	200
Scharfe Guacamole	201
Pesto aus Bärlauch	202
Thunfischfilet mit Salat und Konjak-Nudeln	203
Rindfleischspieße vom Grill	204
Gegrillte Forelle mit Kräutern und Knoblauch	205
Spargel an Ei	206
Gemüsesuppe mit Chickenballs	207
Spargel Gratin	208
Gegrillte Hähnchenschenkel	209
Lachs auf Gurkenchips	210
Bärlauchcremesuppe	211

VORWORT

Hallo liebe Käuferin / Käufer von meinem Buch „239 Low Carb Rezepte".
Bevor es mit dem Inhalt losgeht, möchte ich kurz ein paar Worte über
mich verlieren. Außerdem habe ich noch ein wichtiges Anliegen und es
warten auf dich 2 Gratis Geschenke!

Mein Name ist Lea und ich konnte in kurzer Zeit mit der Umstellung der
Ernährung über 10 Kilogramm verlieren. Ich verzichte nicht komplett auf
Kohlenhydrate, doch ich sehe zu, dass ich diese deutlich reduziere.

In diesem Kochbuch habe ich über 239 meiner liebsten Low Carb Rezepte
gesammelt und für dich zusammengeschrieben.

Des weiteren habe ich dir einen Low Carb Ernährungsplan zur Verfügung
gestellt, welcher den Start mit Low Carb vereinfachen soll.

Der Ernährungsplan soll nur zu Orientierung dienen. Snacks und Mahlzeit-
en für zwischendurch habe ich hier nicht einbezogen. Doch du kannst den
Plan gerne damit ergänzen.

Ich empfehle als Snack für zwischendurch vor allem Salate oder auch
einfach etwas Obst! Vor dem Ernährungsplan möchte ich noch einmal ein
paar grundlegende Worte zum Thema Abnehmen verlieren. Doch zuerst
möchte ich dir noch etwas zurückgeben! Auf der folgenden Internetseite
kannst du dir als Käufer von diesem Buch 2 weitere Bücher völlig kosten-
frei herunterladen.

Bei einem Buch handelt es sich um einen ausführlichen Ratgeber, in
welchem ich dir Schritt für Schritt die Strategie zeige, mit welcher auch
ich in wenigen Wochen über 10 Kilogramm verlieren konnte. Das 2. Buch
ist eine Low Carb Einkaufsliste, welche du dir ganz einfach ausdrucken
kannst, mit den wichtigsten Lebensmitteln zum Abnehmen! Rufe einfach
folgende Internetseite auf - du musst nichts kaufen und du musst auch
nicht deine E-Mail Adresse angeben. Es ist 100% kostenlos - mein Ges-
chenk für dich! :)

ZU DEN GRATIS BONUS-BÜCHERN

http://gratiskochbuch.funnelcockpit.com/lowcarb/

oder alternativ: https://goo.gl/gVZnVt

Wichtig - Hinweis zum Buch:

Aufgrund der Anzahl der Rezepte war leider sehr schwierig einen geeigneten Druckdienstleister zu finden.

In der Regel bezahlt man bereits schon für 50 bis 60 Rezepte am Ende über 10€. Dementsprechend war es leider nicht möglich all die Rezepte inklusive Bilder zu einem fairen Endkundenpreis abzudrucken.

Da ich jedoch die Anzahl der Rezepte nicht reduzieren wollte, haben wir uns dazu entschieden das Buch in Schwarz-Weiß drucken zu lassen und auf einen Teil der Bilder zu verzichten.

So können wir das Buch fernab von einem Preis von 30€ zugänglich machen und dennoch alle Low Carb Rezepte präsentieren. Ich hoffe, du hast an dieser Stelle Verständnis dafür! Wir wünschen nun viel Spaß beim Lesen & Nachkochen!

Liebe Grüße und **viel Erfolg** *auf deinem Weg*

LEA S.

DIE VORTEILE EINER KOHLENHYDRATARMEN ERNÄHRUNG

Warum gibt es überhaupt so viele Befürworter der Low-Carb Diät und warum ist diese seit Jahren präsent? Viele Leute machen eine Low-Carb Diät, sind sich dabei aber überhaupt nicht bewusst, warum eine Low-Carb Diät zum Beispiel effektiver sein soll, als andere Diäten.

Grundsätzlich sind Kohlenhydrate nichts schlechtes und ich würde Kohlenhydrate auch niemals komplett aus dem Ernährungsplan streichen.

Denn gerade am frühen Morgen sind Kohlenhydrate der perfekte Energielieferant, um in den Tag zu starten. Und außerdem würden mir einfach manche Gerichte fehlen, was für mich wieder bedeuten würde, dass die Diät ein Stück Lebensqualität einbüßt. Auf mein morgendliches Müsli möchte ich z.B. nicht verzichten.

Doch es ist empfehlenswert, wenn man allgemein den Konsum von Kohlenhydraten etwas herunterfährt. Die westliche Welt ernährt sich sehr kohlenhydratlastig, was unter anderem bei vielen auch ein Grund für das Übergewicht ist.

Den gerade die einfachen Kohlenhydrate, die z.B. in Weißbrot stecken, sättigen kaum! Der Nachteil von Kohlenhydraten beim Abnehmen gegenüber z.B. Eiweiß ist beim Abnehmen einfach, dass der Körper kaum Energie benötigt, um Kohlenhydrate zu verstoffwechseln. Das ist unter anderem auch als „Thermic-effect-of-food" bekannt.

Bei Eiweiß verbraucht der Körper ca. 3 bis 4 mal so viel Energie bei der Verwertung als bei Kohlenhydraten. Das heißt, dass wenn man sich eiweißreich ernährt, die Stoffwechsel-Aktivitäten einfach um ein vielfaches höher sind.

Neben der erhöhten Stoffwechsel-Aktivitäten bei einer Low-Carb Diät gibt es allerdings noch weitere Vorteile.

Denn eine kohlenhydratredzuzierte Ernährung bedeutet auch, dass man sich z.B. in der Regel sehr eiweißreich ernährt oder allgemein vermehrt Obst & Gemüse ist. (Ja, Obst und Gemüse haben selbstverständlich Kohlenhydrate. Aber Low-Carb heißt ja auch nicht no-carb! Obst & Gemüse sind essenziell für eine gesunde Ernährung und helfen enorm wenn man Abnehmen möchte, ohne dabei großartig zu hungern. Deshalb sage ich auch, dass eine „no-carb-diät" wenig Sinn ergibt...)

Wie dem auch sei – eiweißreiche Lebensmittel haben z.B. eine sehr gute Sättigung, was wichtig ist, um eine Diät durchzuhalten. Obst & Gemüse und viele Lebensmittel, die sehr kohlenhydratarm sind haben darüber hinaus auch eine sehr geringe Kaloriendichte!

Dadurch fällt einen das Abnehmen ebenfalls leichter...

ABNEHMEN MIT LOW-CARB: SO FUNKTIONIERT'S

Erfolgreiches Abnehmen hat erst einmal grundsätzlich nichts mit Low-Carb zu tun. Eine Low-Carb Diät ist nur eine Strategie die man fährt, mit der es einem einfacher fallen sollte abzunehmen. Denn die Vorteile der Low-Carb Ernährung habe ich ja soeben geschildert.

Höhere Sättigung & ein höherer Kalorienvebrauch sind einfach Dinge, die beim Abnehmen extrem helfen. Es ist aber nicht ausschlaggebend für erfolgreiches Abnehmen!

Warum das so ist und worauf es wirklich ankommt, erfährst du in den folgenden Grundlagen rund um das Thema Abnehmen...

DAS KALORIENDEFIZIT STEHT ÜBER ALLEM

Um abzunehmen, ist eine Sache grundsätzlich erst einmal essenziell - das Kaloriendefizit. Ein Kaloriendefizit bedeutet ganz einfach, dass du weniger isst, als dass du letztendlich verbrauchst. Wenn dieser Zustand eintritt, dann wirst du Abnehmen.

Ich habe schon eine Menge ausprobiert und letztendlich ist das für mich die Beste und auch schlüssigste Methode. Nur bei diesem Vorgehen bin ich gewiss, dass ich abnehme und nach dieser Vorgehensweise hatte ich auch immer die besten Resultate! Die Grundvoraussetzung ist dafür natürlich, dass du in etwa weißt wie viele Kalorien du täglich verbrauchst.

Letztendlich beruhen alle Diäten auf einem Kaloriendefizit. Kurse und teure Diätprogramme lassen sich aber natürlich besser mit Dingen vermarkten wie „Abnehmen mit Wunder-Shakes" oder ähnlichem.

KENNE DEINEN TÄGLICHEN KALORIENVERBRAUCH

Ein kleines Beispiel: Der Körper verbraucht jeden Tag Kalorien, um die Körperfunktionen am Laufen zu halten. Angenommen du liegst den ganzen Tag im Bett und machst rein gar nichts. Als Frau würde man hier in etwa 1400 bis 1600 Kalorien an einem Tag verbrennen.

Das ist auch bekannt als Grundumsatz. Allerdings liegen wir ja nun mal nicht täglich einfach nur da, sondern gehen zur Schule, studieren oder Arbeiten. Vielleicht bist du auch noch in einem Sportverein tätig oder gehst sowieso schon hin und wieder ins Fitnessstudio. Alles was du im Prinzip mehr machst, als nur „rumliegen", wird im Prinzip auf die 1400 Kalorien Grundumsatz addiert.

Nun fragst du dich vielleicht - wie soll das denn bitte gehen? Woher soll ich wissen, wie viel Kalorien ich beim Gehen oder beim Sitzen in der Schule verbrauche?

Das ist ganz einfach! Es gibt mittlerweile tausende von sogenannten Kalorienrechner, die dir relativ genaue Werte bestimmen können, wie dein täglicher Kalorienverbrauch aussieht. Gib einfach mal bei google "Kalorienrechner" ein!

WIE FUNKTIONIERT DAS ABNEHMEN MIT DEM KALORIENDEFIZIT

Dank des Kalorienrechners solltest du nun ungefähr wissen, wie dein Kalorienverbrauch ist. Angenommen du hast ohne Training mit deinen alltäglichen Aktivitäten einen Kalorienverbrauch von ca. 1800 Kalorien. Das würde in der Theorie dann heißen, dass du mit 1799 Kalorien abnimmst. In diesem Fall aber sehr, sehr seeeeeeehr langsam. Deshalb kann man grundsätzlich sagen:

„Umso größer dein Kaloriendefizit, desto mehr bzw. schneller nimmst du ab!"

Doch diesen Grundsatz darf man nicht so einfach blind empfehlen. Denn wenn das Kaloriendefizit zu groß ausfällt, dann läufst du Gefahr, dass dein Stoffwechsel nach einer Weile herunterfährt und sich an das geringe Kalorienniveau anpasst. Und wenn du dann mal wieder etwas mehr isst, tritt der unerwünschte JoJo-Effekt ein!

Und das sollte natürlich nicht das Ziel sein. Deshalb empfehle ich ein tägliches Kaloriendefizit von ca. 400-700 Kalorien. Das würde heißen, dass du bei einem Kalorienverbrauch von 1800 Kalorien am Tag beispielsweise nur 1300 Kalorien zu dir nimmst.

WARUM DAS KALORIEN ZÄHLEN SO EFFEKTIV IST

Ja ich weiß – Kalorien zählen kann sehr lästig sein. Aber es ist nun mal häufig auch die Garantie für Erfolge. Denn zum einen bist du dadurch einfach sicher, dass Du am Ende des Tages ein Kaloriendefizit fährst. Und zum anderen wirst Du Dir bei deiner Ernährung bewusster...

Damit meine ich, dass du ein Gespür dafür bekommst wie viele Kalorien die Lebensmittel haben, die man zu sich nimmt.

Viele essen z.B. hemmungslos Nüsse oder Mandeln, wissen dabei aber gar nicht dass 100 g Mandeln sogar mehr Kalorien haben, als 100 g Chips.
Damit sage ich nun nicht, dass man Mandeln und Nüsse aus seiner Ernährung streichen sollte.

Nein – Mandeln und Nüsse sind sehr gesund und können natürlich in einer Low-Carb Diät sehr gerne verzehrt werden!

Doch man sollte diese in Maßen konsumieren und sich bewusst sein, dass wenn man zu viele Mandeln an einem Tag isst, dass es einem schwerer fallen wird, am Ende des Tages ein Kaloriendefizit zu erreichen.

WIE ERREICHT MAN MÖGLICHST EINFACH DAS KALORIENDEFIZIT

Fassen wir noch mal kurz zusammen, wo wir nun stehen. Du solltest nun ungefähr wissen, wie...

...du deinen täglichen Kalorienverbrauch ausrechnest

...du vorgehen musst, um abzunehmen (Kaloriendefizit erreichen)

...dein tägliches Kaloriendefizit ungefähr aussehen sollte (ca. 400-700 Kalorien)

Außerdem weißt du nun, dass du auch nicht auf alles gänzlich verzichten musst und dass du dich von fragwürdigen Versprechungen der Fitness- und Nahrungsergänzungsmittelindustrie fernhalten solltest, da letztendlich nur das Kaloriendefizit zählt.

Du kannst z.B. auch kleine Sünden wie ein Stück Kuchen oder Schokolade zu Dir nehmen, solange am Ende des Tages im Kaloriendefizit bist. Sinn und Zweck einer Low-Carb Diät ist das aber natürlich.

Wie so eine Low-Carb Ernährung im Detail aussehen kann, kannst du auf den folgenden Seiten mit deinem 14-Tage Low Carb Diätplan sehen...

ERNÄHRUNGSPLAN MIT LOW CARB GERICHTEN

Der folgende Ernährungsplan ist lediglich ein Beispiel. Du findest für die nächsten 14 Tage immer 3 Mahlzeiten vor (Frühstück, Mittag und Abend).

Das sind aber lediglich die Hauptmahlzeiten. Du kannst gerne mehr essen. Ergänze also den Plan gerne mit Snacks für zwischendurch wie z.B. durch Salate oder Obst. Die Rezepte sind alle mit Kalorienangaben versehen.

Die absolute Untergrenze am Ende des Tages sollte 1000 Kalorien sein. Ich empfehle je nach Betätigung und Fitness-Stand eine Kalorienzufuhr von 1300 bis 1800 Kalorien.

ERNÄHRUNGSPLAN TAG 1

FRÜCHTE-JOGHURT-QUARK

- 1 TL Honig
- 100 g Naturjoghurt
- 1 TL Leinsamen
- 150 g Magerquark
- 100 g Früchte nach Wahl (z.B. Erdbeeren, Himbeeren usw.)

Der Naturjoghurt wird mit dem Magerquark in einer Schüssel vermengt. Anschließend gibt man Honig sowie Leinsamen hinzu und vermengt das ganze.

Nun müssen noch die Früchte ggf. gewaschen, geschnitten und hinzugefügt werden.

EW27g KH26g F6g KCAL271

GEMÜSE-HACK-PFANNE

- 100 g Cherry-Tomaten
- 200 g Rinderhack
- 1 rote Paprika
- 1 gelbe Paprika
- Salz & Pfeffer
- 1 EL Kokosöl
- Etwas Paprika & Chilli-Gewürz

1. Brate das Hackfleisch in der Pfanne mit etwas Kokosöl an

2 Schneide die Tomaten und die Paprika klein

3. Nachdem das Fleisch durch ist, kannst du das Gemüse hinzugeben

4. Das ganze etwas anbraten und mit Gewürzen abstimmen

EW40g KH5g F28g KCAL450

PUTE MIT TOMATEN-SALAT

- 200g Putenfleisch
- 100g Cocktailtomaten
- 100g Hüttenkäse
- 1 EL Olivenöl
- 1 Stück Zwiebel (klein)
- Saft 1 halben Zitrone
- Salz & Pfeffer
- Gewürze nach Belieben (z.B. Paprikagewürze etc)

Würze das Fleisch und brate dies mit etwas Öl oder Kokosfett in der Pfanne an, sodass dieses schön durch wird.

Schneide anschließend die Cocktailtomaten in Hälften und mische diese mit dem Käse sowie dem Zitronensaft und etwas Salz & Pfeffer in einer Schüssel zusammen.

Ggf. kann diese Mischung noch mit Kräutern und Basilikum abgestimmt werden.

Danach zusammen anrichten und genießen!

EW52g KH10g F22g KCAL455

ERNÄHRUNGSPLAN TAG 2

SCHINKEN-KÄSE-OMELETT

- 3 Eier
- 2 Scheiben Kochschinken
- 1 Scheibe Käse (fettarm)
- Salz und Pfeffer
- Kräuter nach Wahl

Die Eier werden mit Salz und Pfeffer in einer Schüssel verquirlt. Anschließend gibt man die Masse in eine Pfanne.

Sobald die Masse schon ein wenig gebacken ist, kann man den Schinken und den Käse in die Mitte legen und das Omelett umklappen. Anschließend wird das Omelett noch mal von beiden Seiten gebacken, bis es servierfertig ist!

EW34g KH24 F27g KCAL387

LOW CARB PANCAKES

- 100 g Eiweißpulver (Geschmack nach Belieben oder neutral)
- 30 g Mandelmehl (entölt am besten / notfalls sind 15 g „normales" Mehl auch in Ordnung)
- 200 ml Milch (0,3 oder 1,5%)
- Messerspitze Backpulver

1. Vermenge alle Zutaten in einer Schüssel. Nimm anschließend ein- en Schneebesen und verrühre die Zutaten, sodass eine flüssige Teigmasse entsteht.

2. Stell den Herd auf mittlere Stufe und nimm eine Kelle von dem Teig. Lass den Teig kurz von unten backen und wende anschließend den Pancake.

3. Zu den Pancakes passt sehr gut Naturjoghurt oder z.B. Hütten- käse oder Magerquark.Wer neutrales Proteinpulver verwendet kann die Low Carb Pancakes aber auch mit etwas salzigem wie z.B. Gouda oder Wurst kombinieren. Hier bietet sich z.B. ein Schinken-Käse Pancake an.

Nährwerte pro Pancake (ca. 8 Pancakes insgesamt)

EW13g KH2g F45g KCAL102

MAGERQUARK-JOGHURT

- 250 g Magerquark
- 100 g Himbeeren
- 50 ml Milch
- 2 EL Honig

Alle Zutaten werden in einer Schüssel zu einem Joghurt vermischt.

Wer mag kann auch noch gerne Chia-Samen hinzufügen, um die Sättigung etwas zu erhöhen. Aber auch so ist der Magerquark-Joghurt schon sehr sättigend.

EW38g KH25g F1g KCAL270

ERNÄHRUNGSPLAN TAG 3

RÜHREI MIT TOAST

- 1 Ei
- 2 Eiweiß / Eiklar
- Lauchzwiebel
- italienische Kräuter
- EL Milch
- Salz & Pfeffer
- Scheibe Vollkorn- oder Mehrkornbrot (CA. 35 G)

Als Grundlage nehmen wir 1 komple es Ei und 2 Eiklar. Also insgesamt 3 Eier. Die beiden Ei-Gelbs, die übrig bleiben, kann man im Kühlschrank aufbewahren für andere Zwecke / Gerichte. Die Lauchzwiebel wird in kleine Ringe geschnitten. Vermenge alle Zutaten (außer natürlich das Brot) in einer Schüssel und bereite das Rührei in einer Pfanne zu. Anschließend richtet du das Rührei mit 2 Scheiben Vollkorn- oder Mehrkornbrot an.

EW13g KH18g F9g KCAL206

HÄHNCHENBRUST MIT ORANGEN-SALAT

- 250 g Hähnchenbrustfilet
- 1 Orange
- 50g Salat
- 1/2 rote Zwiebel
- 1 TL Kurkuma
- Salz
- Pfeffer
- 1 EL Olivenöl

Die Orange schälen und danach filetieren. Den Salat waschen, danach abtropfen lassen und klein aufschneiden. Die Zwiebel schälen und in dünne Ringe schneiden.

Die Hähnchenbrustfilets in etwas breitere Streifen schneiden. Das Fleisch mit Kurkuma, Salz und Pfeffer von beiden Seiten gut einreiben.

Das Öl in einer Pfanne erwärmen und anschließend das Fleisch von allen Seiten gut braten.

Orangen und Salat auf den Teller geben und die Zwiebelringe dazugeben. Die Hähnchenbrustfilets zum Salat dazugeben und servieren.

EW52g KH16g F20g KCAL464

HONIGMELONE-SCHINKEN-HÄPPCHEN

- 100 g Lachsschinken
- 300 g Honigmelone

Schneide die Honigmelone in kleine viereckige Würfel.

Anschließend umwickelst du diese mit Lachsschinken.

EW22g **KH**33g **F**4g **KCAL**250

ERNÄHRUNGSPLAN TAG 4

KNÄCKEBROT / VOLLKORNBROT / BRÖTCHEN MIT AUFSCHNITT NACH WAHL

- 3 Scheiben Knäckebrot
- Aufschnitt: 25 g Hüttenkäse pro Scheibe, Belag nach Wunsch (Kochschinken, Lachsschinken, Nuss-Schinken, Putenbrust, Marmelade)

EW16g **KH**41g **F**3g **KCAL**265

PORTUGIESISCHE CATAPLANA

- 100 g Garnelen
- 200 g Kabeljau
- 200 g passierte Tomaten
- 50 ml Hühnerbrühe
- 1 EL Kokosnussöl
- etwas Salz & Pfeffer
- Kräuter (z.B. Oregano oder Kräuter der Provence)
- 2 TL Paprikapulver
- 2 TL Chilipulver
- 2 TL Kurkuma

1. Kabeljau und Garnelen mit etwas Kokosöl und Salz & Pfeffer in einer Pfanne anbraten

2. Passierte Tomaten, Hühnerbrühe, Gewürze und Kräuter in einen Wok oder Kochtopf geben

3. Nachdem Kabeljau und Garnelen fertig gebraten sind, Kabeljau kleinschneiden und zusammen mit den Garnelen in den Topf geben

4. Den Topf oder den Wok unter ständigem erhitzen umrühren, bis der Fisch-Eintopf schön warm ist

EW60g **KH**9g **F**12g **KCAL**400

LOW CARB PIZZA SUPPE

- 30 Gramm Feta
- 250 Gramm passierte Tomaten
- 1 EL Gemüsebrühe
- 30 ml Sahne (light)
- 200 Gramm Hackfleisch
- Salz, Pfeffer & Kräuter nach Belieben
- Frühlingszwiebeln
- 1 Paprikaschoten
- 1 Knoblauchzehe
- 50 Gramm Mais

1. Schneide zuerst die Paprikaschoten und die Frühlingszwiebel klein. Zerkleinere anschließend die Knoblauchzehe.
2. Brate die Knoblauchzehe in einem EL Kokosöl an und gib das Fleisch hinzu. Brate dieses solange an, bis es durch ist und gib anschließend das geschnittene Gemüse hinzu.
3. Nun kannst du die passierten Tomaten, den Mais, den Feta-Käse, die Gewürze und die Sahne hinzugeben.
4. Unter ständigem Erhitzen wird das Ganze weiterhin gut umgerührt.
5. Anschließend kann die Low Carb Suppe serviert werden und noch mit Gewürzen nach Wahl abgestimmt werden.

EW50g KH20g F35g KCAL610

ERNÄHRUNGSPLAN TAG 5

MÜSLI MIT OBST UND MILCH ODER JOGHURT

- 50 g Haferflocken
- 50 g Obst (Apfel, Erdbeeren, Banane oder Orange z.B.)
- 200 ml fettarme Milch (noch besser: Kokos- oder Mandelmilch)
- optional: 150 g Naturjoghurt (fettarm)
- zur Ergänzung ggf.: Chia- oder Leinsamen

EW11 KH78g F6g KCAL402

DORSCHFILET MIT MEDITERANEM GEMÜSE

- 250 g Dorschfilet
- 1 Aubergine
- 1 rote Zwiebel
- 1 rote Paprika
- 1 EL Kokosöl
- etwas Basilikum
- Salz & Pfeffer
- 1/4 Zucchini

1. Aubergine, Zucchini, Zwiebel & Paprika waschen und in kleine Würfel schneiden

2. Gemüse mit etwas Kokosöl sowie Salz & Pfeffer in der Pfanne anbraten

3. Gemüse herausnehmen und Dorschfilet in der Pfanne anbraten

4. Anschließend wieder Gemüse Pfanne geben, Basilikum hinzufügen und mit Gewürzen oder noch etwas Salz & Pfeffer abstimmen

5. Gemüse & Dorschfilet herausnehmen und auf einem Teller anrichten

EW53g KH9g F12g KCAL370

FITNESS TOMATEN SUPPE

- 2 Schalotten
- 2 Knoblauchzehen
- 500 g passierte Tomaten 20 g Butter
- Thymian
- Ingwer
- Halbe Zitrone
- 2 Esslöffel Olivenöl
- Salz und Pfeffer

Die Tomaten zunächst in Stücke schneiden. Den Knoblauch, die Schalotten und den Ingwer in kleine Würfel zerschneiden. Nebenbei die Butter und das Öl in einem Topf erhitzen und den Knoblauch mit den Schalotten zusammen anbraten.

Nach ein paar Minuten die Tomaten dazugeben und mit anbraten lassen. Die Tomaten anschließend mit dem Fond ablöschen. Den Ingwer und Thymian anschließend mit in die Suppe geben und alles etwa 25 Minuten vor sich hinköcheln lassen.

Den Deckel dazu auf den Topf machen und nach der Zeit mit, Zitronensaft, Salz und Pfeffer (ggf. auch andere Gewürze) nach Belieben abschmecken. Den Thymian anschließend wieder herausnehmen und die Suppe mit einem Püriergerät durchrühren. Alles zerkleinern.

Die Suppe anschließend durch ein Sieb drücken, damit sich die Anzahl der Tomaten reduzieren kann. Dann servieren und genießen!

EW1g **KH**5g **F**21g **KCAL**248

ERNÄHRUNGSPLAN TAG 6

KOKOS-PORRIDGE

- 250 ml Mandelmilch
- 30 g Kokosflocken
- 10 g Kokosmehl (oder Mandelmehl)
- 1 Vanilleschote
- Steviadrops (optional)

1. In einer Pfanne die Kokosflocken ohne Fett leicht anrösten. Danach zusammen mit der Mandelmilch in einen kleinen Topf geben und zum Kochen bringen.

2. Unter ständigem Rühren das Kokosmehl hinzugeben und so lange weiter rühren, bis die Masse beginnt, anzudicken. Dann den Topf vom Herd nehmen.

3. Die Vanilleschote längs aufschneiden, das Mark herauskratzen und zu dem Porridge geben. Ja nach Belieben nach süßen und mit Früchten oder Nüssen servieren.

EW5g KH7g F23g KCAL260

CHILLI CON CARNE

- 150 g Hackfleisch
- 200 g passierte Tomaten
- 30 g Tomatenmark
- 50 g Mais
- 30 g Kidneybohnen
- Salz & Pfeffer
- etwas Chilli- oder Paprikapulver
- 2 Knoblauchzehen
- 1 EL Kokosöl

1. Zuerst werden die beiden Knoblauchzehen in kleine Würfel geschnitten und bei niedriger Stufe in einem Topf mit etwas Kokosöl angebraten

2. Anschließend gibt man das Hackfleisch hinzu und würzt es mit Salz & Pfeffer

3. Nun brät man im Topf das Hackfleisch an, bis es durch ist

4. Anschließend gibt man die passierten Tomaten sowie das Tomatenmark, den Mais, die Kidneybohnen sowie die restlichen Gewürze hin

5. Das ganze lässt man dann noch für ein paar wenige Minuten köcheln

Nährwerte pro 100 Gramm Suppe

EW11g KH<1g F11g KCAL194

ÜBERBACKENER BLUMENKOHL

- 150 g Blumenkohl
- 30 g Parmesan
- 10 g Butter
- 1 EL Zitronensaft
- Thymian
- Rosmarin
- Petersilie
- Meersalz
- Pfeffer

1. Blumenkohlblätter entfernen und den Kohl in einer etwas größeren Schüssel waschen. Die Röschen vom Kohl abschneiden und in einem Topf, ausgestattet mit Dämpfeinsatz garen. Kräuter waschen, dann abtropfen lassen und feinhacken.

2. Die Butter in einer Pfanne schmelzen lassen und die geschnittenen Kräuter hineingeben. Den Blumenkohl in die Pfanne geben und etwas anschwenken. Den Blumenkohl mit Salz und Pfeffer gut würzen. Die Röschen mit etwas Zitronensaft beträufeln und anschließend mit geriebenem Parmesan bestreuen.

3. Den Blumenkohl dann für etwa 5 Minuten in einem vorgeheizten Backofen auf der obersten Schiene mit Grillfunktion bei 175°C gratinieren. Dann den Blumenkohl auf die Teller verteilen und mit frisch geriebener Muskatnuss ein wenig bestreuen. Das Gericht ist bereit um serviert zu werden!

EW13g KH3g F17g KCAL230

ERNÄHRUNGSPLAN TAG 7

RÜHREI MIT TOAST

- 1 Ei
- 2 Eiweiß / Eiklar
- Lauchzwiebel
- italienische Kräuter
- EL Milch
- Salz & Pfeffer
- Scheibe Vollkorn- oder Mehrkornbrot (CA. 35 G)

1. Als Grundlage nehmen wir 1 komplettes Ei und 2 Eiklar. Also insgesamt 3 Eier. Die beiden Eigelbs, die übrig bleiben, kann man im Kühlschrank aufbewahren für andere Zwecke / Gerichte. Die Lauchzwiebel wird in kleine Ringe geschnitten. Vermenge alle Zutaten (außer natürlich das Brot) in einer Schüssel und bereite das Rührei in einer Pfanne zu. Anschließend richtet du das Rührei mit 2 Scheiben Vollkorn- oder Mehrkornbrot an.

EW13g KH18g F9g KCAL206

PUTEN-GEMÜSE PFANNE

- 250 g Putenfleisch
- 100 g Rucola
- 1 Knoblauchzehe
- 1 EL Olivenöl
- 1 rote Zwiebel
- 50 g Champignons
- 50 g Tomaten
- Salz & Pfeffer

Zuerst wird das Putenfleisch in Streifen geschnitten.

Anschließend wird die Knoblauchzehe kleingeschnitten und in etwas Olivenöl angebraten.

Nun kann man die Hähnchenstreifen hinzugeben. Währenddessen kann man Rucola sowie Zwiebeln, Champignons und Tomaten waschen und vorbereiten / kleinschneiden.

Das Gemüse wird nun zur Pfanne hinzugegeben. Unter ständigem Rühren wird die Pfanne nun weiter erhitzt.

Abgestimmt wird das Ganze noch mit Salz & Pfeffer und ggf. Kräutern nach Wahl.

Nun ist die Pfanne servierfertig!

EW60g KH3g F23g KCAL470

THUNFISCH SALAT

- 1 Dose Thunfischfilets in Eigensaft
- 100 g Blattsalat
- 1/2 Zwiebeln
- 5 Snacktomaten
- 1 Kopfsalat

Vorbereite die Zwiebeln, Snacktomaten und den Kopfsalat vor indem du sie wäschst und in mundgerechte Stücke schneidest. Füge die und den Thunfisch in eine Salatschüssel und vermische diese.

DAS DRESSING:

- 2 EL Olivenöl
- Salz & Pfeffer
- Balsamico-Öl

Mische die Zutaten in einer kleinen Schüssel und gebe das Dressing zum Salat hinzu!

EW21g **KH**8g **F**22g **KCAL**324

ERNÄHRUNGSPLAN TAG 8

FRÜCHTE-JOGHURT-QUARK

- 1 TL Honig
- 100 g Naturjoghurt
- 1 TL Leinsamen
- 150 g Magerquark
- 100 g Früchte nach Wahl (z.B. Erdbeeren, Himbeeren usw.)

Der Naturjoghurt wird mit dem Magerquark in einer Schüssel vermengt. Anschließend gibt man Honig sowie Leinsamen hinzu und vermengt das ganze.

Nun müssen noch die Früchte ggf. gewaschen, geschnitten und hinzugefügt werden.

EW27g KH26g F6g KCAL271

HACKFLEISCHSUPPE

- 200g Hackfleisch (Rind)
- 1 Zwiebel
- 100 g Champignons
- 1 Paprikaschote
- 50 g Creme frâiche (15%)
- 50g geriebener Emmentaler
- 100 g passierte Tomaten
- 100 ml Gemüsebrühe
- Salz & Pfeffer

Zwiebel, Paprika und Champignons waschen und vorbereiten. Diese dann anschließend in einer Pfanne mit etwas Olivenöl anbraten.

Danach das Fleisch hinzugeben und dieses scharf anbraten. Nachdem das Fleisch angebraten wurde, das ganze mit der Gemüsebrühe ablöschen.

Füge nun die passierten Tomaten, den Käse sowie die Creme Fraiche hinzu. Die Suppe wird unter ständigem Rühren ordentlich erhitzt.

Das Ganze wird zum Schluss mit Salz und Pfeffer abgestimmt und serviert.

EW56g KH10g F48g KCAL700

BROKKOLI SUPPE

- 1 Schalotte
- 1 Brokkoli
- 250ml Gemüse Fond 100ml Sahne (light)
- 1 Esslöffel Sesam
- 1 Esslöffel Olivenöl Wasser
- Salz und Pfeffer

Bei dem Brokkoli den Stiel entfernen und die Schalotte zu- nächst schälen und dann kleine Würfel aus ihr machen. An- schließend das Olivenöl in einen großen Topf geben und erwärmen, dann die Schalotte hineingeben und anbraten lassen.

Nach einigen Minuten mit dem Gemüse Fond ablöschen. Den Brokkoli mit dazugeben und mit etwa 200-250ml Wasser auffüllen.

Den Brokkoli kochen lassen und die Sahne hinzugeben und alles nach Belieben mit Salz und Pfeffer verfeinern. An- schließend sehr gut pürieren und verrühren und dann servieren und mit dem Sesam dekorieren und genießen.

Nährwerte pro 100 Gramm Suppe

EW3g **KH**3g **F**5g **KCAL**74

ERNÄHRUNGSPLAN TAG 9

FRÜCHTE-JOGHURT-QUARK

- 1 TL Honig
- 100 g Naturjoghurt
- 1 TL Leinsamen
- 150 g Magerquark
- 100 g Früchte nach Wahl (z.B. Erdbeeren, Himbeeren usw.)

Der Naturjoghurt wird mit dem Magerquark in einer Schüssel vermengt. Anschließend gibt man Honig sowie Leinsamen hinzu und vermengt das ganze.

Nun müssen noch die Früchte ggf. gewaschen, geschnitten und hinzugefügt werden.

EW27g KH26g F6g KCAL271

GEFÜLLTE PAPRIKA MIT RINDERHACK

- 2 Paprika
- 200 ml Gemüsebrühe 250 Gramm Rinderhack etwas Öl
- 1 rote Zwiebel
- Brise Salz & Pfeffer
- 2 Tomaten
- 1 Knoblauchzehe

Paprika-Deckel abnehmen und mit angebratenem Hackfleisch befüllen (mit etwas Öl Knoblauch und Zwiebel glasig braten -> anschließend das Fleisch anbraten und mit Salz und Pfeffer würzen).

Danach die Tomaten würfeln und die Tomaten in einem erhitzten Topf mit Öl etwas schmoren. Danach die Gemüse-brühe hinzufügen und die Paprika in den Topf setzen. Das ganze bei ca. schwacher Hitze ca. 25 Minuten köcheln lassen.

EW40g KH25g F12g KCAL350

SÄTTIGENDER QUARK-PROTEIN SHAKE

- 250 g Magerquark
- 50 g Eiweißpulver nach Wahl (z.B. Vanille)
- 200 ml Wasser
- ggf. 50 bis 100 g Früchte nach Wahl die zum Pulver passen (Himbee-ren, Banane, Erdbeeren usw.)

Fülle alle Zutaten in einer Shaker und mixe diese gut durch.

Das ganze kann noch mit etwas Honig abgestimmt wird wer-den.

Das Proteinpulver bringt aber in der Regel schon eine gute Süße mit sich!

EW75g KH1g F12g KCAL360

ERNÄHRUNGSPLAN TAG 10

MAGERQUARK-JOGHURT

- 250 g Magerquark
- 100 g Himbeeren
- 50 ml Milch
- 2 EL Honig

Alle Zutaten werden in einer Schüssel zu einem Joghurt vermischt.

Wer mag kann auch noch gerne Chia-Samen hinzufügen, um die Sättigung etwas zu erhöhen. Aber auch so ist der Magerquark-Joghurt schon sehr sättigend.

EW38g **KH**25g **F**1g **KCAL**270

LACHSFILETS MIT QUARK

- 20g Parmesan (nach Möglichkeit frisch)
- 20g Pinienkerne
- 200g Quark (wenig Fett)
- 2 Esslöffel Kräuter (z.B. Petersilie)
- 2 Esslöffel Chiasamen
- 1 Esslöffel Semmelbrösel (Vollkorn)
- 2,5 Teelöffel Meerrettich (scharf)
- Zitrone
- 200 g Lachsfilet
- Meersalz und schwarzer Pfeffer

Zuallererst den Backofen auf 200 Grad vorheizen. Die Pinienkerne zunächst in der Pfanne anbraten (ohne Fett!) bis diese braun sind. Auf einem Brett sammeln und dort kleinhacken. Die Kräuter ebenfalls hacken. Kräuter, Pinienkerne und Semmelbrösel, Parmesan und Chiasamen verrühren. Salzen und pfeffern, wie es gefällt.

Die Filets ebenfalls würzen und die hergestellte Kruste auf beiden Seiten auf den Filets verteilen. Leicht festd rücken und die Filets auf einem Backblech (mit Backpapier!) backen.

Backdauer: etwa 15-20 Minuten, warten bis die Kruste braun geworden ist. Den Quark währenddessen mit dem Meerrettich verrühren. Alles zusammen servieren und die Zitrone über das Filet träufeln. Guten Appetit!

EW93g **KH**12g **F**46g **KCAL**850

GEGRILLTES STEAK MIT GRÜNEN BOHNEN

- 200 g Rindersteaks
- 150 g grüne Bohnen
- 4 Streifen Speck
- 2 Zweige Rosmarin
- Meersalz
- Pfeffer

Die Steaks waschen und mit einem Küchentuch trocken tupfen. Die Bohnen putzen und ungefähr 5 Minuten in einem kochenden Wasser blanchieren. Die Bohnen anschließend in den Sieb abtropfen lassen, den Speck bereitlegen und wenige Bohnen zu einem Bündel mit den Speckstreifen zusammenrollen.

Die Steaks auf einen heißen Grill legen (alternativ Pfanne) und nach etwa 2 Minuten umdrehen. Jeweils einen Rosmarinzweig darauf legen und je nach Wunsch Steaks medium oder blutig braten. Die Bohnenbündel ungefähr 5 Minuten auf den Grill (alternativ Pfanne) legen und mehrmals drehen.

Die Steaks danach vom Grill nehmen und würzen. Die Speckbohnenbündel dazulegen und anschließend servieren.

EW76g KH8g F24g KCAL560

ERNÄHRUNGSPLAN TAG 11

CHIA-FRÜCHTE-JOGHURT

- 250 g Naturjoghurt (1,5%)
- 100 g Erdbeeren (oder z.B. Kiwi / Banane / Himbeeren)
- 10 g Chia-Samen
- 1 EL Honig

Schneide zuerst die Früchte in kleine, mundgerechte Stücke

Anschließend vermengst du die Früchte mit den restlichen Zutaten in einer Schüssel.

EW11g **KH**27g **F**8g **KCAL**240

KÄSESALAT

- 50g Mozzarella (fettarm)
- 40g Feta
- 50g Tomate
- 50g Bohnen
- 100g Salat
- 50g Gurke
- 25g Zucchini
- 1 EL Olivenöl
- 20 g Walnüsse

Den Feta in Würfel schneiden und die Tomaten, den Mozzarella, den Salat, die Gurke und die Zucchini zerkleinern.

Alles in eine Schüssel geben und gut miteinander vermengen. Nach Belieben mit dem Olivenöl verfeinern. Außerdem die Walnüsse etwas kleinhacken und oben als Topping benutzen. Guten Appetit!

EW20g **KH**9g **F**44g **KCAL**530

LACHSFILET MIT GEMÜSE

- 250g Lachsfilet
- 300ml Gemüsebrühe
- 1 Fenchel
- 1 Lauch
- 80ml saure Sahne
- Pfeffer und Salz

Eine Pfanne erhitzen, um dort die Gemüsebrühe zum Kochen zu bringen. Anschließend die Lachfilets darin eintauchen und ziehen lassen.

Nach einigen Minuten die Filets wenden, dies mehrmals wiederholen. Nachdem die Filets durch sind, diese aus der Gemüsebrühe nehmen und gesondert auf einem Teller lagern. Den Fenchel und Lauch in Stücke schneiden.

Das Gemüse in die Pfanne zu der Gemüsebrühe geben und gut köcheln lassen. Nach etwa 10 Minuten die saure Sahne unterrühren und nach Belieben mit Salz und Pfeffer abschmecken.

Den Lachs wieder mit in die Pfanne geben und alles kurz köcheln lassen. Alles auf dem Teller servieren und genießen!

EW16g **KH**5,5g **F**8g **KCAL**355

ERNÄHRUNGSPLAN TAG 12

SCHINKEN-KÄSE-OMELETT

- 3 Eier
- 2 Scheiben Kochschinken
- 1 Scheibe Käse (fettarm)
- Salz und Pfeffer
- Kräuter nach Wahl

Die Eier werden mit Salz und Pfeffer in einer Schüssel verquirlt. Anschließend gibt man die Masse in eine Pfanne.

Sobald die Masse schon ein wenig gebacken ist, kann man den Schinken und den Käse in die Mitte legen und das Omelett umklappen. Anschließend wird das Omelett noch mal von beiden Seiten gebacken, bis es servierfertig ist!

EW34g **KH**24 **F**27g **KCAL**387

HÄHNCHEN-EINTOPF

- 100g Tomaten (frisch)
- 50g Erbsen
- Suppengrün
- 30g Speck
- Frühlingszwiebeln
- 1 Esslöffel Olivenöl
- 250 ml Hühnerbrühe
- Salz und Pfeffer
- 150g Hähnchenbrustfilet
- Basilikum

Das Suppengrün klein schneiden und die Tomaten ebenfalls in kleine Würfel schneiden.

Den Speck anschließend in dünne Streifen schneiden. Das Hähnchenbrustfilet ebenfalls in kleinere Stücke zerkleinern und die Frühlingszwiebeln in feine Ringe schneiden.
Das Olivenöl in einer Pfanne erhitzen und den Speck darin langsam anbraten.

Auch die Hähnchenbrust dazugeben und anbraten lassen. Anschließend die Erbsen, die Teile aus dem Suppengrün und die Tomaten sowie die Frühlingszwiebeln mit in die Pfanne geben.

Alles zusammen bei schwacher Hitze kochen lassen. Nach Belieben mit Salz und Pfeffer würzen lassen. Das Basilikum grob kleinhacken und beim servieren auf den Eintopf als Dekoration verwenden.

EW51g **KH**14g **F**32g **KCAL**560

PILZ-OMELETTE

- 2 Eier
- 20 ml Milch
- Petersilie
- 200g Champignons
- 1 EL Olivenöl
- 15 g Parmesan
- 80g Rucola

Für das Omelette die Magermilch zusammen mit den zwei Eiern schaumig schlagen. Die Petersilie nach Belieben hinzugeben.

Die Champignons in feine Scheiben schneiden und mit dem Olivenöl in einer Pfanne anbraten lassen. Die Eier dazu gießen und bei geringer Hitze langsam stocken lassen.

Den Parmesan über die Masse streuen. Zuletzt alles mit dem Rucola anrichten.

EW26g KH6g F28g KCAL400

ERNÄHRUNGSPLAN TAG 13

KOKOS-PORRIDGE

- 250 ml Mandelmilch
- 30 g Kokosflocken
- 10 g Kokosmehl (oder Mandelmehl)
- 1 Vanilleschote
- Steviadrops (optional)

1. In einer Pfanne die Kokosflocken ohne Fett leicht anrösten. Danach zusammen mit der Mandelmilch in einen kleinen Topf geben und zum Kochen bringen.

2. Unter ständigem Rühren das Kokosmehl hinzugeben und so lange weiter rühren, bis die Masse beginnt, anzudicken. Dann den Topf vom Herd nehmen.

3. Die Vanilleschote längs aufschneiden, das Mark herauskratzen und zu dem Porridge geben. Ja nach Belieben nach süßen und mit Früchten oder Nüssen servieren.

EW5g **KH**7g **F**23g **KCAL**260

CHILLI CON CARNE

- 150 g Hackfleisch
- 200 g passierte Tomaten
- 30 g Tomatenmark
- 50 g Mais
- 30 g Kidneybohnen
- Salz & Pfeffer
- etwas Chilli- oder Paprikapulver
- 2 Knoblauchzehen
- 1 EL Kokosöl

1. Zuerst werden die beiden Knoblauchzehen in kleine Würfel geschnitten und bei niedriger Stufe in einem Topf mit etwas Kokosöl angebraten

2. Anschließend gibt man das Hackfleisch hinzu und würzt es mit Salz & Pfeffer

3. Nun brät man im Topf das Hackfleisch an, bis es durch ist

4. Anschließend gibt man die passierten Tomaten sowie das Tomatenmark, den Mais, die Kidneybohnen sowie die restlichen Gewürze hin

5. Das ganze lässt man dann noch für ein paar wenige Minuten köcheln

Nährwerte pro 100 Gramm Suppe

EW11g **KH**<1g **F**11g **KCAL**194

ÜBERBACKENER BLUMENKOHL

- 150 g Blumenkohl
- 30 g Parmesan
- 10 g Butter
- 1 EL Zitronensaft
- Thymian
- Rosmarin
- Petersilie
- Meersalz
- Pfeffer

1. Blumenkohlblätter entfernen und den Kohl in einer etwas größeren Schüssel waschen. Die Röschen vom Kohl abschneiden und in einem Topf, ausgestattet mit Dämpfeinsatz garen. Kräuter waschen, dann abtropfen lassen und feinhacken.

2. Die Butter in einer Pfanne schmelzen lassen und die geschnittenen Kräuter hineingeben. Den Blumenkohl in die Pfanne geben und etwas anschwenken. Den Blumenkohl mit Salz und Pfeffer gut würzen. Die Röschen mit etwas Zitronensaft beträufeln und anschließend mit geriebenem Parmesan bestreuen.

3. Den Blumenkohl dann für etwa 5 Minuten in einem vorgeheizten Backofen auf der obersten Schiene mit Grillfunktion bei 175°C gratinieren. Dann den Blumenkohl auf die Teller verteilen und mit frisch geriebener Muskatnuss ein wenig bestreuen. Das Gericht ist bereit um serviert zu werden!

EW13g KH3g F17g KCAL230

ERNÄHRUNGSPLAN TAG 14

RÜHREI MIT TOAST

- 1 Ei
- 2 Eiweiß / Eiklar
- Lauchzwiebel
- italienische Kräuter
- EL Milch
- Salz & Pfeffer
- Scheibe Vollkorn- oder Mehrkornbrot (CA. 35 G)

Als Grundlage nehmen wir 1 komplettes Ei und 2 Eiklar. Also insgesamt 3 Eier. Die beiden Eigelbs, die übrig bleiben, kann man im Kühlschrank aufbewahren für andere Zwecke / Gerichte. Die Lauchzwiebel wird in kleine Ringe geschnitten. Vermenge alle Zutaten (außer natürlich das Brot) in einer Schüssel und bereite das Rührei in einer Pfanne zu. Anschließend richtet du das Rührei mit 2 Scheiben Vollkorn- oder Mehrkornbrot an.

`EW13g KH18g F9g KCAL206`

PUTEN-GEMÜSE PFANNE

- 250 g Putenfleisch
- 100 g Rucola
- 1 Knoblauchzehe
- 1 EL Olivenöl
- 1 rote Zwiebel
- 50 g Champignons
- 50 g Tomaten
- Salz & Pfeffer

Zuerst wird das Putenfleisch in Streifen geschnitten.

Anschließend wird die Knoblauchzehe kleingeschnitten und in etwas Olivenöl angebraten.

Nun kann man die Hähnchenstreifen hinzugeben. Währenddessen kann man Rucola sowie Zwiebeln, Champignons und Tomaten waschen und vorbereiten / kleinschneiden.

Das Gemüse wird nun zur Pfanne hinzugegeben. Unter ständigem Rühren wird die Pfanne nun weiter erhitzt.

Abgestimmt wird das Ganze noch mit Salz & Pfeffer und ggf. Kräutern nach Wahl.

Nun ist die Pfanne servierfertig!

`EW60g KH3g F23g KCAL470`

THUNFISCH SALAT

- 1 Dose Thunfischfilets in Eigensaft
- 100 g Blattsalat
- 1/2 Zwiebeln
- 5 Snacktomaten
- 1 Kopfsalat

Vorbereite die Zwiebeln, Snacktomaten und den Kopfsalat vor indem du sie wäschst und in mundgerechte Stücke schneidest. Füge die und den Thunfisch in eine Salatschüssel und vermische diese.

DAS DRESSING:

- 2 EL Olivenöl
- Salz & Pfeffer
- Balsamico-Öl

Mische die Zutaten in einer kleinen Schüssel und gebe das Dressing zum Salat hinzu!

EW21g **KH**8g **F**22g **KCAL**324

HERZHAFTES KÄSE-OMELETT

NÄHRWERTANGABEN

KH	6 g
EIWEISS	27 g
FETT	43 g
KALORIEN	518 Kcal

PRO PORTION

ZUTATEN

Für 4 Personen

- 160 g Crème fraîche
- 120 g Mozzarella, gerieben
- 12 Eier (Gr. M)
- 4 Tomaten
- 1 Bund Schnittlauch
- 1 EL Olivenöl
- Salz & Pfeffer

ZUBEREITUNG

1. Die Tomaten und den Schnittlauch waschen, leicht trocken tupfen und klein schneiden.

2. In einer Schüssel die Eier zunächst kurz aufschlagen, danach die Crème fraîche hinzufügen und alles gut vermengen. Mit Pfeffer und Salz würzen, danach den Schnittlauch unterrühren.

3. Das Olivenöl in einer beschichteten Pfanne erhitzen und ein Viertel der Eimasse in die Pfanne geben. Bei mittlerer Hitze ca. 2 bis 3 Minuten garen, danach ein Viertel des Mozzarellas und eine klein geschnittene Tomate auf einer Hälfte des Omeletts verteilen. Abgedeckt ca. 2 Minuten weiter garen lassen, sodass der Käse schön schmilzt. Mit den drei anderen Omeletts ebenso verfahren.

4. Nach der Garzeit die nicht belegte Hälfte des Omeletts umklappen, auf einem Teller anrichten und mit etwas Schnittlauch garnieren.

CHIA-PUDDING MIT HIMBEEREN

NÄHRWERTANGABEN

KH	23 g
EIWEISS	7 g
FETT	24 g
KALORIEN	335 kcal

PRO PORTION

ZUTATEN

Für 4 Personen

- 400 ml Kokosmilch
- 400 g Himbeeren (frisch oder TK)
- 100 g frische Beeren
- 5 EL Chiasamen
- 2 EL Agavendicksaft
- Etwas frische Minze

ZUBEREITUNG

1. Die Chiasamen mit der Kokosmilch in eine Schüssel geben, gut umrühren und abgedeckt über Nacht im Kühlschrank quellen lassen.

2. Am nächsten Morgen die eingeweichten Chiasamen zusammen mit den Himbeeren und dem Agavendicksaft in einen Mixer geben und gut pürieren.

3. In einer Schale oder in kleinen Gläschen anrichten und mit frischen Beeren und einigen Minzblättchen garnieren.

BROKKOLI-KÄSE-MUFFINS

NÄHRWERTANGABEN

KH	1 g
EIWEISS	14 g
FETT	14 g
KALORIEN	189 kcal

PRO STÜCK

ZUTATEN

Für 6 Muffins

- 5 Eier (Gr. M)
- 12 Streifen Bacon (ca. 120g)
- 80 g Emmentaler, gerieben
- 150 g Brokkoliröschen
- Salz & Pfeffer (optional)

ZUBEREITUNG

1. Die Brokkoliröschen waschen, leicht trocken tupfen und grob klein schneiden.

2. Eine Muffinform gut einfetten und danach jede Mulde mit 2 Streifen Bacon auskleiden. Für eine vegetarische Variante der Muffins kann der Bacon auch weggelassen werden. Danach den Brokkoli und den geriebenen Käse in die Mulden einfüllen.

3. In einer Schüssel die Eier gut aufschlagen und nach Belieben mit Salz und Pfeffer würzen. Dabei mit dem Salz eher sparsam umgehen, da Bacon und Käse bereits sehr salzig sind. Danach die befüllten Mulden der Muffinform mit der Eimasse aufgießen.

4. Die Muffins bei 180°C für ca. 18 - 20 Minuten im unteren Drittel des Backofens backen.

BANANENBROT MIT BLAUBEEREN

NÄHRWERTANGABEN

KH	11 g
EIWEISS	9 g
FETT	27 g
KALORIEN	331 kcal

PRO 100 G

ZUTATEN

Für 1 Brot

- 250 g Mandeln, gemahlen
- 150 g Blaubeeren
- 120 g Butter, weich
- 2 große Bananen, sehr reif
- 2 Eier (Gr. M)
- 2 EL Agavendicksaft
- 1 TL Natron

ZUBEREITUNG

1. Die Bananen schälen, in eine Schüssel geben und mit einem Kartoffelstampfer fein zerdrücken. Danach gut mit den Eiern verquirlen und kurz zur Seite stellen.

2. In einer separaten Schüssel die Butter mit einem Handrührgerät aufschlagen, den Agavendicksaft hinzugeben und gut unterrühren. Danach die Buttermischung in die Bananenmasse geben und alles vermengen.

3. Die gemahlenen Mandeln und das Natron hinzugeben und gut unterrühren. Zuletzt die Blaubeeren waschen, leicht trocken tupfen und unter die Masse heben.

4. Den Teig in eine gefettete und mit Backpapier ausgekleidete Kastenform geben und bei 180°C ca. 50 - 60 Minuten backen (am besten am Ende der Backzeit die Stäbchenprobe machen - bleibt kein Teig mehr kleben, ist das Brot fertig).

HAFER-WAFFELN

NÄHRWERTANGABEN

KH	15 g
EIWEISS	12 g
FETT	22 g
KALORIEN	300 kcal

PRO STÜCK

ZUTATEN

Für 4 Waffeln

- 3 Eier (Gr. M)
- 60 ml Milch
- 80 g Haferflocken
- 30 g Mandeln
- 30 g Pekannüsse
- 30 g Haselnüsse
- 10 g Kokosflocken

ZUBEREITUNG

1. In einem Mixer die Haferflocken, Mandeln, Pekannüsse und Haselnüsse fein mahlen. Danach die restlichen Zutaten hinzufügen und alles mixen, bis eine homogene Masse entstanden ist.

2. Das Waffeleisen gegebenenfalls etwas einfetten, danach den Teig portionsweise hineingeben. Die Waffeln so lange backen, bis sie goldbraun sind.

3. Auf einem Teller anrichten und je nach Belieben mit frischem Obst oder Fruchtquark servieren.

BEEREN-CRUMBLE

NÄHRWERTANGABEN

KH	11 g
EIWEISS	8 g
FETT	22 g
KALORIEN	290 kcal

PRO PORTION

ZUTATEN

Für 4 Personen

- 500 g Beerenmischung (TK)
- 70 g Mandelmehl
- 30 g Butter
- 3 EL Erythrit
- 1 TL Zimt
- 40 g Mandeln, gehackt

ZUBEREITUNG

1. Das Mandelmehl mit dem Erythrit und dem Zimt vermengen. Danach die Butter hinzugeben und mit den Händen vorsichtig zu Streuseln verarbeiten.

2. Eine kleine Auflaufform leicht einfetten. Die Beeren noch tiefgefroren hineingeben und das Streusel-Topping sowie die gehackten Mandeln darauf verteilen.

3. Bei 175 °C 30 - 35 Minuten oder bis die Streusel goldbraun sind backen.

SCHOKO-ZUCCHINI-BROT

NÄHRWERTANGABEN

KH	15 g
EIWEISS	6 g
FETT	15 g
KALORIEN	224 kcal

PRO 100 G

ZUTATEN

Für 1 Brot

- 350 g Zucchini
- 100 g weiche Butter
- 3 Eier
- 100 g Xylit
- 100 g gemahlene Haselnüsse
- 30 g Mandelmehl
- 30 g Backkakao
- 1/2 TL Guarkernmehl

ZUBEREITUNG

1. Die Zucchini waschen, reiben und in einem feinen Sieb etwas abtropfen lassen, damit der Teig nicht zu feucht wird.

2. In einer Schüssel die weiche Butter und den Xylit mit einem Handrührgerät cremig rühren. Die Eier hinzugeben und gut unter die Masse rühren.

3. Danach alle trockenen Zutaten, also die gemahlenen Haselnüsse, das Mandelmehl, den Backkakao und das Guarkernmehl, vermischen und zur Butter-Ei-Masse geben. Danach die geriebene Zucchini unterheben.

4. Eine Kastenform mit Backpapier auskleiden und den Teig einfüllen. Bei 180 °C 40 - 50 Minuten backen - am besten die Stäbchenprobe machen und das Brot herausnehmen, sobald kein Teig mehr kleben bleibt.

SCHOKOBRÖTCHEN

NÄHRWERTANGABEN

KH	21 g
EIWEISS	17 g
FETT	34 g
KALORIEN	457 kcal

PRO STÜCK

ZUTATEN

Für 4 Brötchen

- 350 ml Milch
- 150 g Mandelmehl
- 100 g Schokodrops, zartbitter
- 4 Eiklar
- 3 EL Flohsamenschalen
- 2 EL Xylit
- 1 TL Natron
- 1 TL Apfelessig
- 1/2 Päckchen Backpulver

ZUBEREITUNG

1. Die Milch in einen kleinen Topf geben und erwärmen. Währenddessen in einer Schüssel das Mandelmehl, die Flohsamenschalen, Xylit, Natron und Backpulver grob vermengen.

2. Sobald die Milch warm ist, vom Herd nehmen und zu den trockenen Zutaten hinzugeben. Langsam das Eiklar und den Apfelessig unterrühren. Zuletzt die Schokodrops unterheben.

3. Ein Backblech mit Backpapier auslegen und aus dem Teig vier Brötchen formen. Mit Alufolie abdecken und bei 175 °C ca. 30 - 40 Minuten backen.

STRACCIATELLA-KOKOS-QUARK

NÄHRWERTANGABEN

KH	10 g
EIWEISS	20 g
FETT	25 g
KALORIEN	348 kcal

PRO PORTION

ZUTATEN

Für 4 Personen

- 2 EL Kokosöl
- 50 g Zartbitterschokolade
- 120 g Erythrit
- 500 g Magerquark
- 50 g Kokosflocken
- 4 EL Kokoschips (optional)

ZUBEREITUNG

1. Von der Zartbitterschokolade mit einem Sparschäler einige Streifen abschälen und für die Deko zur Seite stellen.

2. Die restliche Schokolade zusammen mit dem Kokosöl über einem Wasserbad schmelzen lassen.

3. In einer Schüssel den Magerquark mit dem Erythrit und den Kokosflocken vermengen.

4. In kleinen Gläsern abwechselnd die Quarkcreme und die flüssige Schokolade schichten. Vor dem Servieren ca. 20 - 30 Minuten kalt stellen.

5. Mit den Schokoraspeln und den Kokoschips garniert servieren.

LOW-CARB-MÜSLI

NÄHRWERTANGABEN

KH	13 g
EIWEISS	16 g
FETT	39 g
KALORIEN	473 kcal

PRO 100 G

ZUTATEN

Für ca. 500 g Müsli

- 150 g Kokosflocken
- 150 g Mandelblättchen
- 100 g Leinsamen
- 50 g Haselnüsse, gehackt
- 30 g Kürbiskerne
- 20 g Sonnenblumenkerne
- 2 Eiklar
- 2 EL Agavendicksaft

ZUBEREITUNG

1. Die Kokosflocken, Mandelblättchen, Leinsamen, gehackte Haselnüsse, Kürbis- und Sonnenblumenkerne in einer Schüssel gut vermischen.

2. In einer separaten Schüssel die beiden Eiklar mit dem Agavendicksaft verquirlen.

3. Die Müsli-Mischung zur Eiklar-Agavendicksaft-Mischung geben und alles gründlich vermengen.

4. Ein Backblech mit Backpapier auslegen und die Müsli-Mischung darauf verteilen. Bei 120 °C ca. 60 - 70 Minuten trocknen lassen. Alle 15 Minuten den Backofen öffnen und die Mischung durchrühren, sodass sie von allen Seiten goldbraun wird.

5. Nach der Trockenzeit vollständig auskühlen lassen und in einem luftdichten Gefäß aufbewahren.

SCHOKO-HASELNUSS-AUFSTRICH

NÄHRWERTANGABEN

KH 15 g
EIWEISS 6 g
FETT 29 g
KALORIEN 344 kcal

PRO 100 G

ZUTATEN

Für 1 Glas

- 250 g geschälte Haselnüsse
- 240 ml Haselnussmilch
- 100 g Xylit
- 3 EL Backkakao
- 2 EL Kokosöl
- 1 Vanilleschote
- 1 Prise Salz

ZUBEREITUNG

1. Die Haselnüsse in einer Pfanne ohne Fett anrösten, danach leicht abkühlen lassen und in einen Mixer geben. Die Nüsse so lange mixen, bis das Öl austritt und eine relativ zähflüssige Masse entsteht - dies kann einige Minuten dauern.

2. Die Vanilleschote längs aufschneiden und das Mark mit Hilfe eines Messers herauskratzen. Zusammen mit Xylit, Kokosöl, Backkakao und der Prise Salz zu der Haselnussmasse geben und pürieren. Nach und nach nur so viel von der Haselnussmilch hinzugeben, bis eine homogene Masse entsteht und die gewünschte Konsistenz erreicht ist.

3. Den fertigen Aufstrich in ein Glas geben und luftdicht verschließen. Er passt perfekt zu Brot, über Müsli oder in Smoothies.

WALNUSSBROT

NÄHRWERTANGABEN

KH	6 g
EIWEISS	15 g
FETT	30 g
KALORIEN	350 kcal

PRO 100 G

ZUTATEN

Für 1 Brot

- 200 g Walnüsse
- 150 g Magerquark
- 50 g Leinsamen
- 2 Eier (Gr. M)
- 1/2 Päckchen Backpulver

ZUBEREITUNG

1. Die Hälfte der Walnüsse in einen Mixer geben und fein mahlen, die andere Hälfte grob hacken. Beides mit Leinsamen und dem Backpulver vermengen.

2. In einer Schüssel den Magerquark mit den Eiern glatt rühren. Danach die Nussmischung hinzugeben und alles zu einem relativ klebrigen Teig verarbeiten. Je nach Größe der Eier kann dieser etwas zu fest sein - in dem Fall einfach etwas Milch oder Wasser zu der Masse hinzugeben.

3. Eine Kastenform mit Backpapier auskleiden und den Teig einfüllen. Nach Belieben noch ein paar gehackte Walnüsse darüber streuen und bei 180 °C 50 - 60 Minuten backen. Vor dem Anschneiden vollständig auskühlen lassen.

EIER-WÖLKCHEN

NÄHRWERTANGABEN

KH	2 g
EIWEISS	19 g
FETT	17 g
KALORIEN	233 kcal

PRO PORTION

ZUTATEN

Für 4 Personen

- 4 Eier (Gr. M)
- 100 g Emmentaler, gerieben
- 80 g Schinkenwürfel
- 3 Frühlingszwiebeln
- Salz & Pfeffer

ZUBEREITUNG

1. Die Frühlingszwiebeln gut waschen, in kleine Ringe schneiden und kurz beiseite stellen.

2. Die Eier vorsichtig trennen, dabei die vier Eiklar in eine Schüssel geben und die Eigelbe jeweils einzeln auf kleine Schälchen geben. Die 4 Eiklar mit einem Handrührgerät steif schlagen. Danach die Schinkenwürfel, den Emmentaler und die Frühlingszwiebeln hinzugeben, nach Belieben mit Pfeffer und Salz würzen und alles vorsichtig unterheben.

3. Ein Backblech mit Backpapier auslegen und den Eischnee in vier Portionen auf das Blech geben. Zu kleinen Wölkchen formen und in die Mitte jeweils eine Mulde für das Eigelb drücken. Zunächst ohne das Eigelb 2 - 3 Minuten bei 200 °C garen. Dann das Blech herausnehmen und jeweils ein Eigelb in die vorbereiteten Mulden geben. Weitere 3 - 5 Minuten fertig garen.

LOW CARB PANCAKES

NÄHRWERTANGABEN

KH	16 g
EIWEISS	20 g
FETT	25 g
KALORIEN	375 kcal

PRO PORTION

ZUTATEN

Für 4 Personen

- 130 g Mandelmehl
- 120 g Magerquark
- 4 Eier (Gr. L)
- 4 EL Xylit
- 2 EL Wasser, lauwarm
- 1 Päckchen Backpulver
- 1 TL Zimt
- 150 g Blaubeeren (optional)

ZUBEREITUNG

1. In einer Schüssel die Eier und den Xylit mit einem Handrührgerät schaumig aufschlagen. Das Wasser und den Magerquark hinzugeben und ebenfalls mit dem Rührgerät gut unterrühren.

2. Mandelmehl mit Backpulver und Zimt vermischen, zu der Ei-Masse geben und gut vermengen. Den Teig vor der Weiterverarbeitung 5 bis 10 Minuten ruhen lassen.

3. In eine beschichtete und leicht gefettete Pfanne für einen Pancake ca. 3 bis 4 EL des Teiges bei mittlerer Hitze backen. Je nach Belieben einige Blaubeeren auf der Oberseite des Pancakes verteilen. Sobald Bläschen an die Oberfläche steigen, die Pancakes wenden und weiter garen, bis sie auf beiden Seiten goldbraun sind (ca. 2 bis 3 Minuten pro Seite). So weiter verfahren, bis der ganze Teig aufgebraucht ist.

4. Die Pancakes je nach Belieben mit frischen Früchten oder Quark servieren.

SÜSSES RÜHREI

NÄHRWERTANGABEN

KH	14 g
EIWEISS	16 g
FETT	19 g
KALORIEN	294 kcal

PRO PORTION

ZUTATEN

Für 4 Personen

- 8 Eier (Gr. M)
- 4 EL Milch
- 2 Äpfel
- 2 EL Mandelblättchen, geröstet
- 2 TL Zimt
- 1 Vanilleschote
- 1 EL Kokosöl
- 1 EL Agavendicksaft (optional)

ZUBEREITUNG

1. Die Äpfel waschen, vom Kerngehäuse befreien und in feine Würfel schneiden. Das Mark der Vanilleschote herauskratzen und zu der Milch geben.

2. In einer Schüssel die Eier mit der Vanillemilch aufschlagen und das Zimt hinzugeben. Alles gut vermengen.

3. Das Öl in einer beschichteten Pfanne erhitzen und die Apfelstückchen darin anbraten. Danach die Ei-Mischung über den Äpfeln verteilen und das Rührei solange fertig garen, bis es die gewünschte Bräune und Konsistenz hat.

4. Auf Tellern anrichten und mit dem Agavendicksaft und den gerösteten Mandeln toppen.

FRÜHSTÜCKSBURRITO

NÄHRWERTANGABEN

KH	13 g
EIWEISS	27 g
FETT	47 g
KALORIEN	581 kcal

PRO PORTION

ZUTATEN

Für 4 Personen

- 8 Eier (Gr. M)
- 4 EL Milch
- 4 TL Olivenöl
- 1 Bund Schnittlauch
- Salz & Pfeffer
- 120 g schwarze Bohnen (Dose)
- 100 g Cheddar, gerieben
- 80 ml rote Salsa
- 8 Streifen Bacon (ca. 80 g)
- 1 große Avocado

ZUBEREITUNG

1. Die Bohnen in ein Sieb geben, gut abspülen und abtropfen lassen. Die Baconstreifen in einer Pfanne ohne Fett kross anbraten. Die Avocado von Kern und Schale befreien und in Scheiben schneiden.

2. In einer Schüssel jeweils zwei Eier mit einem Esslöffel Milch gut aufschlagen, mit Pfeffer und Salz würzen, danach 1/4 des Schnittlauchs unterrühren. In einer Pfanne 1 TL Olivenöl erhitzen, die Eimasse hineingeben und bei mittlerer Hitze abgedeckt 1 bis 2 Minuten stocken lassen. Danach wenden und 2 bis 3 Minuten weiter garen. Das Omelett aus der Pfanne nehmen und mit den anderen 3 Omeletts ebenso verfahren.

3. Jeweils 2 Esslöffel Salsa auf die Omeletts geben und mit den Bohnen, dem Bacon und den Avocadoscheiben belegen. Mit dem geriebenen Cheddar toppen und aufrollen.

NUSS-MÜSLIRIEGEL

NÄHRWERTANGABEN

KH	5 g
EIWEISS	8 g
FETT	18 g
KALORIEN	217 kcal

PRO STÜCK

ZUTATEN

Für 14 Riegel

- 100 g Leinsamen
- 50 g Kokosflocken
- 50 g Mandeln
- 50 g Haselnüsse
- 50 g Erdnüsse
- 50 g Kürbiskerne
- 50 g Sonnenblumenkerne
- 50 g Kokosöl
- 4 EL Mandelmus
- 2 TL Zimt
- 2 EL Erythrit
- 2 Eier (Gr. M)

ZUBEREITUNG

1. Alle Zutaten in einen Mixer geben und solange pürieren, bis sie sich gut vermengt haben, von den Nüssen aber auch noch gröbere Stücke enthalten sind.

2. Eine Auflaufform von ca. 20 x 25 cm einfetten und mit Backpapier auslegen, die Masse hineingeben und die Oberfläche glatt streichen.

3. Bei 180 °C ca. 15 bis 20 Minuten backen oder bis die Masse goldbraun ist.

4. Aus dem Ofen nehmen, leicht abkühlen lassen und in 14 Riegel schneiden.

LOW CARB FRÜHSTÜCKSKEKSE

NÄHRWERTANGABEN

KH	8 g
EIWEISS	8 g
FETT	24 g
KALORIEN	283 kcal

PRO STÜCK

ZUTATEN

Für 12 Kekse

- 170 g Mandelmehl
- 80 g Kokosflocken
- 70 g Mandelblättchen
- 50 g Pekannüsse, grob gehackt
- 50 g Butter
- 30 g Kürbiskerne
- 30 g Kokosmehl
- 4 EL Honig
- 3 EL Erythrit
- 2 Eier (Gr. M)
- 1 TL Natron
- 1 Vanilleschote

ZUBEREITUNG

1. Die Mandelblättchen, Pekannüsse, Kürbiskerne und Kokosflocken in einer beschichteten Pfanne ohne Fett anrösten, danach leicht abkühlen lassen.

2. In einer Schüssel das Mandelmehl, Kokosmehl, Natron und den Erythrit vermengen. Das Mark der Vanilleschote, die Butter, die Eier und den Honig dazu geben und alles gut unterrühren. Zuletzt die gerösteten Nüsse unterheben. Den Teig ca. 5 Minuten ruhen lassen.

3. Mit nassen Händen aus dem Teig 12 Kugeln formen, mit ca. 5 cm Abstand zwischen den Kugeln auf ein mit Backpapier ausgelegtes Backblech setzen und etwas flach drücken. Auf der mittleren Schiene ca. 10 bis 15 Minuten, oder bis die Kekse goldbraun sind, backen. Auf dem Blech vollständig auskühlen lassen.

LOW CARB BRÖTCHEN

NÄHRWERTANGABEN

KH 3 g
EIWEISS 12 g
FETT 20 g
KALORIEN 242 kcal

PRO STÜCK

ZUTATEN

Für 8 Brötchen

- 170 g Mozzarella, gerieben
- 150 g Mandelmehl
- 60 g Frischkäse
- 50 g Sonnenblumenkerne
- 1 Ei (Gr. L)
- 1/2 TL Natron

ZUBEREITUNG

1. Den Mozzarella zusammen mit dem Frischkäse über einem Wasserbad schmelzen. Danach in einen Mixer geben und gründlich pürieren, dann das Ei dazugeben und nochmals pürieren. Mandelmehl und Natron hinzufügen und alles noch einmal gründlich vermengen.

2. Ein großes Stück Frischhaltefolie einfetten und den sehr klebrigen Teig darauf geben. Mit gefetteten Händen in eine rechteckige Form bringen, danach in den Gefrierschrank geben, bis der Ofen vorgeheizt ist.

3. Den Ofen auf 200 °C vorheizen und ein Backblech mit Backpapier auslegen. Den Teig aus dem Gefrierschrank holen und in 8 gleiche Stücke teilen. Mit gefetteten Händen kleine Kugeln formen, auf dem Blech platzieren und die Sonnenblumenkerne leicht an der Oberfläche andrücken. Auf der mittleren Schiene ca. 13 bis 15 Minuten backen.

LOW CARB FLADENBROT

NÄHRWERTANGABEN

KH	2 g
EIWEISS	5 g
FETT	10 g
KALORIEN	119 kcal

PRO STÜCK

ZUTATEN

Für 6 Fladen

- 100 g Frischkäse
- 3 Eier (Gr. M)
- 3 TL Backpulver
- 1 Prise Salz
- 4 EL Sesam

ZUBEREITUNG

1. Die Eigelb vom Eiklar trennen und in einer Schüssel mit dem Frischkäse glatt rühren. Das Backpulver hinzufügen und alles gut vermengen.

2. In einer anderen Schüssel das Eiklar mit der Prise Salz zu Eischnee schlagen. Danach in mehreren Portionen unter die Ei-Frischkäse-Masse ziehen und vorsichtig unterheben.

3. Ein Backblech mit Backpapier auslegen, den Teig in 6 Portionen darauf verteilen und den Sesam darüber streuen. Danach in den Ofen geben und bei 150 °C ca. 20 bis 25 Minuten backen.

TOMATEN-OLIVEN-AUFSTRICH

NÄHRWERTANGABEN

KH	6 g
EIWEISS	4 g
FETT	19 g
KALORIEN	214 kcal

PRO 100 G

ZUTATEN

Für ca. 400 g

- 200 g Frischkäse
- 100 g schwarze Oliven
- 10 getrocknete Tomaten in Öl
- 2 TL Tomatenmark
- 2 Knoblauchzehen
- 1 Schalotte
- 1 EL des Tomaten-Öls

ZUBEREITUNG

1. Die getrockneten Tomaten sowie die Hälfte der Oliven klein schneiden und kurz beiseite stellen.

2. Den Knoblauch und die Schalotte schälen und grob zerkleinern.

3. In einem Mixer den Knoblauch, die Schalotte, den Rest der Oliven, den Frischkäse, das Tomatenmark und 1 EL des Öls der getrockneten Tomaten cremig pürieren. Zuletzt die getrockneten Tomaten und die Oliven unterheben.

FRÜHSTÜCKSQUARK

NÄHRWERTANGABEN

KH	9 g
EIWEISS	44 g
FETT	39 g
KALORIEN	573 kcal

PRO PORTION

ZUTATEN

Für 4 Personen

- 800 g Magerquark
- 400 ml Mandelmilch
- 200 g geschrotete Leinsamen
- 100 g Kokosflocken
- 50 g gehackte Mandeln
- Steviadrops (optional)

ZUBEREITUNG

1. Den Magerquark zusammen mit der Mandelmilch in einer Schüssel glattrühren. Bei Bedarf etwas mit Steviadrops süßen.

2. Danach die Leinsamen, die Kokosflocken und die Mandeln dazugeben und alles gut vermengen.

3. In kleinen Schälchen anrichten und nach Belieben mit einigen Kokosflocken oder Mandeln garnieren.

KOKOS-PORRIDGE

NÄHRWERTANGABEN

KH	3 g
EIWEISS	3 g
FETT	18 g
KALORIEN	198 kcal

PRO PORTION

ZUTATEN

Für 4 Personen

- 800 ml Mandelmilch
- 100 g Kokosflocken
- 20 g Kokosmehl
- 1 Vanilleschote
- Steviadrops (optional)

ZUBEREITUNG

1. In einer Pfanne die Kokosflocken ohne Fett leicht anrösten. Danach zusammen mit der Mandelmilch in einen kleinen Topf geben und zum Kochen bringen.

2. Unter ständigem Rühren das Kokosmehl hinzugeben und so lange weiter rühren, bis die Masse beginnt, anzudicken. Dann den Topf vom Herd nehmen.

3. Die Vanilleschote längs aufschneiden, das Mark herauskratzen und zu dem Porridge geben. Ja nach Belieben nach süßen und mit Früchten oder Nüssen servieren.

KÜRBIS-BEIGELS

NÄHRWERTANGABEN

KH	3 g
EIWEISS	6 g
FETT	7 g
KALORIEN	106 kcal

PRO STÜCK

ZUTATEN

Für 8 Beigels

- 110 g Kürbispüree
- 60 ml Mandelmilch
- 40 g Kokosmehl
- 30 g Butter
- 3 Eier (Gr. M)
- 3 EL Erythrit
- 3 EL Leinsamen, gemahlen
- 1 TL Zimt
- 1 TL Vanilleextrakt
- 1 TL Apfelessig
- 1 Prise Salz
- 1/2 TL Nelke, gemahlen
- 1/2 TL Natron

ZUBEREITUNG

1. In einer Schüssel das Kokosmehl mit Leinsamen, Zimt, Nelke und der Prise Salz vermischen. In einer weiteren Schüssel die Eier mit der Butter aufschlagen, den Erythrit, das Kürbispüree, die Mandelmilch und den Vanilleextrakt hinzugeben und alles gut vermengen.

2. In einem Schälchen das Natron mit dem Apfelessig vermischen - das zischt kurz. Danach zu der Ei-Masse geben und gut einrühren. Zuletzt die trockenen Zutaten unter die Ei-Masse heben und einen glatten Teig herstellen.

3. Den Teig in eine gefettete Donut- oder Beigelform geben und die Oberfläche glatt streichen. Für 23 bis 25 Minuten bei 180 °C backen oder bis die Oberfläche leicht gebräunt ist. Vor dem Servieren vollständig in der Form auskühlen lassen.

JOHANNISBEER-CHIA-MARMELADE

NÄHRWERTANGABEN

KH	1 g
EIWEISS	0,2 g
FETT	0,3 g
KALORIEN	6 kcal

PRO TL (7 G)

ZUTATEN

Für 1 kleines Glas

- 200 g Johannisbeeren
- 2 EL Chiasamen
- Steviadrops (optional)

ZUBEREITUNG

1. Die Johannisbeeren waschen und von den Reben befreien. Je nach Süße der Früchte mit Steviadrops nachsüßen und alles pürieren.

2. Die Chiasamen hinzufügen, gut durchrühren, abdecken und über Nacht im Kühlschrank quellen lassen. Optional am nächsten Morgen nochmals pürieren.

3. Die Marmelade in ein Schraubglas füllen und innerhalb weniger Tage aufbrauchen.

MATCHA-SHAKE

NÄHRWERTANGABEN

KH	8 g
EIWEISS	5 g
FETT	9 g
KALORIEN	128 kcal

PRO PORTION

Für 2 Personen

- 400 ml Mandelmilch
- 2 EL griechischer Joghurt
- 2 EL Chiasamen
- 2 TL Matcha-Pulver
- 1/2 TL Limettensaft
- Steviadrops

1. Den griechischen Joghurt, die Chiasamen, das Matchapulver, den Limettensaft und Steviadrops in einen Mixer geben. Nach und nach nur so viel Mandelmilch hinzufügen, bis die gewünschte Konsistenz erreicht wurde und bei Bedarf nach süßen.

2. In schöne Gläser gießen, mit je einer Limettenscheibe garnieren und eiskalt servieren.

SCHOKO-ERDNUSS-QUARK

NÄHRWERTANGABEN

KH	11 g
EIWEISS	43 g
FETT	22 g
KALORIEN	421 kcal

PRO PORTION

ZUTATEN

Für 4 Personen

- 1 kg Magerquark
- 80 g Erdnussmus
- 50 g Erdnüsse
- 2 EL Kokosöl (ca. 20 g)
- 1 TL Backkakao
- Steviadrops (optional)

ZUBEREITUNG

1. In einer Schüssel den Magerquark mit dem Erdnussmus glatt rühren. Je nach Geschmack mit Steviadrops süßen.

2. Das Kokosöl verflüssigen und dann in einer zweiten Schüssel mit dem Backkakao vermengen. 3/4 der Erdnüsse hinzugeben.

3. Die Schoko-Masse unter den Quark ziehen, aber nur leicht verrühren, sodass eine marmorierte Quarkcreme entsteht. Mit den restlichen Erdnüssen und optional etwas zusätzlicher Zartbitterschokolade toppen.

SCHINKEN-KÄSE-FRITTATA

NÄHRWERTANGABEN

KH	6 g
EIWEISS	25 g
FETT	22 g
KALORIEN	329 kcal

PRO PORTION

ZUTATEN

Für 6 Personen

- 10 Eier (Gr. M)
- 250 ml Milch
- 200 g Schinkenwürfel
- 100 g Emmentaler, gerieben
- 1 rote Paprika
- 1 gelbe Paprika
- 1 EL Olivenöl
- Salz & Pfeffer
- etwas Muskatnuss

ZUBEREITUNG

1. Die beiden Paprikas waschen, von den Kernen befreien und in kleine Würfel schneiden. Kurz beiseite stellen.

2. In einer beschichteten Pfanne die Schinkenwürfel im Olivenöl bei mittlerer Hitze kurz anbraten. Nach 2 bis 3 Minuten die Paprikawürfel hinzufügen und weitere 5 bis 7 Minuten anbraten, dann vom Herd nehmen.

3. In einer großen Schüssel die Eier mit der Milch verquirlen und mit Salz, Pfeffer und etwas Muskat würzen. Die Schinken-Paprika-Mischung sowie die Hälfte des geriebenen Käses hinzugeben und alles gut vermengen.

4. Die Masse in eine Auflaufform füllen und den restlichen Käse darauf verteilen. Bei 180 °C auf der mittleren Schiene für ca. 25 bis 35 Minuten backen. Vor dem Servieren kurz abkühlen lassen.

OMELETT MIT SCHINKEN

NÄHRWERTANGABEN

KH	11,5 g
EIWEISS	33,9 g
FETT	22,6 g
KALORIEN	410 kcal

PRO 100 G

ZUTATEN

Für Vier Personen

- 1 Tomate
- 2 Gewürzgurken
- Halbe rote Paprika
- 2 Scheiben Schinken
- 2 Eier
- 1 Teelöffel Oregano
- 1 Esslöffel Olivenöl
- Salz und Pfeffer

ZUBEREITUNG

1. Die Tomate, Gurke und Paprika in kleine Scheiben schneiden. Den Schinken nehmen und in feine Würfel schneiden. Die beiden Eier in eine Schüssel geben und dort ordentlich verrühren. Die entstandene Masse mit Salz und Pfeffer würzen.

2. Das Olivenöl in einer Pfanne erwärmen und zunächst den Schinken darin von beiden Seiten anbraten. Nach einigen Minuten das Gemüse dazugeben und ebenfalls kurz anbraten lassen. Danach alles rausnehmen und anschließend das Ei in die Pfanne gießen und leicht stocken lassen, bis es fest wird. Das entstandene Omelett auf einen Teller packen und mit Gemüse und Schinken befüllen, und dann zuklappen und servieren!

OMELETT MIT RÄUCHERLACHS

NÄHRWERTANGABEN

KH	1 g
EIWEISS	29 g
FETT	34 g
KALORIEN	312 kcal

PRO PORTION

ZUTATEN

Für 2 Personen

- 4 Eier (Gr. M)
- 1 EL Crème fraîche
- 1 EL Olivenöl
- 150 g Räucherlachs
- etwas Dill
- Salz & Pfeffer

ZUBEREITUNG

1. Den Räucherlachs in Streifen schneiden und kurz beiseite stellen.

2. In einer Schüssel die Eier zunächst kurz aufschlagen, danach die Crème fraîche hinzufügen und alles gut vermengen. Mit Pfeffer und Salz würzen.

3. Das Öl in einer beschichteten Pfanne erhitzen und die Eimasse in die Pfanne geben. Bei mittlerer Hitze ca. 2 bis 3 Minuten stocken lassen, danach den Lachs und den Dill auf dem Omelett verteilen. Abgedeckt noch ca. 3 Minuten weiter garen lassen.

4. Nach der Garzeit das Omelett umklappen, auf einem Teller anrichten und servieren.

Low Carb Mittag- & Abendessen

HEIßER BLUMENKOHL

NÄHRWERTANGABEN

KH	9,9 g
EIWEISS	23,5 g
FETT	23,0 g
KALORIEN	350 kcal

PRO 100 G

ZUTATEN

Für Vier Personen

- 400g Rosenkohl
- 100g Parmesan
- 2 Esslöffel Butter
- Pfeffer, Muskat

ZUBEREITUNG

1. Die Stiele von dem Rosenkohl abschneiden und dann im Topf für etwa 10 Minuten köcheln lassen, damit er schön weich wird. Anschließend den Rosenkohl mit der Butter in eine Auflaufform eben und nach Belieben mit Salz, Pfeffer und Muskat verfeinern. Den Parmesan reiben und dann über den Blumenkohl streuen. Den Backofen auf 180 Grad vorheizen lassen und dann 15 Minuten garen lassen und anschließend servieren.

FISCHFILET MIT SPINAT

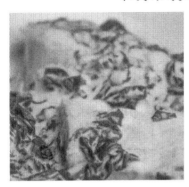

NÄHRWERTANGABEN

KH	8,9 g
EIWEISS	28,5 g
FETT	13,0 g
KALORIEN	412 kcal

PRO 100 G

ZUTATEN

Für Vier Personen

- 1 Fischfilet (z.B. Forelle)
- Spinat
- Blattsalat
- Knoblauch
- Olivenöl
- Apfelessig
- Salz und Pfeffer

ZUBEREITUNG

1. Den Knoblauch zunächst schälen und dann klein hacken. Anschließend Olivenöl und Essig miteinander vermischen und nach Belieben Salz und Pfeffer hinzufügen, sowie Knoblauch zum Dressing geben. Einige Minuten ruhen lassen und dann abschmecken und so würzen, wie es dem eigenen Geschmack entspricht. Das Fischfilet in der Pfanne von beiden Seiten anbraten lassen. Zunächst den Salat und den Spinat auf dem Teller anrichten, dann das Fischfilet drauflegen und das Dressing über das Ganze gießen und genießen.

THUNFISCH-TOMATEN

NÄHRWERTANGABEN

KH	10,5 g
EIWEISS	20,9 g
FETT	2,6 g
KALORIEN	150 kcal

PRO 100 G

ZUTATEN

Für Vier Personen

- 4 Tomaten
- Dose Thunfisch (mit Saft!)
- 1 Schalotte
- 1 Möhre
- 100g Weißkohl
- 1 Teelöffel Kapern
- 2 Esslöffel Naturjogurt
- 2 Esslöffel Zitronensaft
- 1 Teelöffel Zucker bzw. Süßstoff
- Salz und Pfeffer

ZUBEREITUNG

1 Zunächst die Karotte schälen und den Weißkohl ebenfalls von den Blättern befreien und beides in feine Streifen schneiden. Beides dann in eine Schüssel geben und mit Zitronensaft, Zucker vermischen. Salz und Pfeffer anschließend nach Belieben hinzugeben und alles gut durchrühren. Das Ganze etwa 15 Minuten stehen lassen und dann erneut kosten.

Den Thunfisch in eine extra Schüssel geben und den Saft behalten. Die Schalotten dann würfeln und mit zu dem Thunfisch geben. Kapern und den Naturjogurt ebenfalls mit dazugeben und alles zusammen umrühren und anschließend nach Belieben mit Salz und Pfeffer abschmecken. Die Tomate zunächst halbieren und dann die Kerne und die Flüssigkeit entfernen. Den Salat mit dem Thunfisch dann in die Tomaten füllen. Die gefüllten Tomaten anschließend mit dem restlichen Salat auf dem Teller servieren und genießen!

SEETEUFEL LECKEREI

NÄHRWERTANGABEN

KH	10,5 g
EIWEISS	55,9 g
FETT	22,6 g
KALORIEN	360 kcal

PRO 100 G

ZUTATEN

Für Vier Personen

- 150g Zucchini
- 1 Schalotte
- 600g Seeteufelfilet
- 4 Gewürzgurken (aus dem Glas)
- Halbe Paprika (jeweils einmal rot und gelb)
- 1 Esslöffel Koriandersamen
- 1 Esslöffel Olivenöl
- Thymian, Rosmarin, Basilikum (jeweils 1-2 Stangen)
- Salz und Pfeffer

ZUBEREITUNG

Die Schalotte zunächst schälen und anschließend in kleine Würfel schneiden. Die Hälfte von Basilikum, Thymian und Rosmarin klein hacken. Die Zucchini, Gurke und Paprikas in kleine Scheiben schneiden. Anschließend den Seeteufel in Stücke schneiden und den Koriander fein zerreiben und nach Belieben über den Fisch geben und Pfeffer hinzufügen. Das Olivenöl in der Pfanne erhitzen und den Seeteufel scharf anbraten lassen von beiden Seiten.

Den Fisch anschließend in Backpapier einwickeln und mit den Kräutern bestreuen. Den Backofen auf 130 Grad vorheizen und den Fisch in eine Auflaufform geben und für ca. 10 Minuten im Ofen garen lassen. Die Schalotte in die Pfanne für den Fisch geben und Zucchini und Paprika nach einigen Minuten dazugeben und alles zusammen braten. Zuletzt die Gurke dazugeben und nach Belieben mit Salz und Pfeffer würzen. Alles zusammen auf einem Teller servieren und den Seeteufel dazugeben und zusammen mit den Kräutern genießen.

GULASCH MIT ROTE BEETE

NÄHRWERTANGABEN

KH	9,5 g
EIWEISS	44,9 g
FETT	12,6 g
KALORIEN	330 kcal

PRO 100 G

ZUTATEN

Für Vier Personen

- 500ml Gemüse Fond
- 300g Rote Beete
- 100g Tomatenmark
- 1 Knoblauchzehe
- Ingwer
- Rosmarin, Dill, Thymian, Lorbeerblätter (jeweils 2-3 Stangen)
- 2 Esslöffel Olivenöl
- Zitronensaft
- 800g Rindergulasch
- Salz und Pfeffer

ZUBEREITUNG

Die Rote Beete für etwa eine Stunde in Salzwasser kochen lassen, nachdem sie vorher gründlich gereinigt wurde. Die Hälfte vom Dill und die gesamte Menge vom Rosmarin in feine Stücke hacken. Den Ingwer und Knoblauch in feine Scheiben schneiden. Das Olivenöl mit den zuvor zerkleinerten Kräutern und mit etwas Salz vermischen und als Marinade für das Fleisch verwenden. Das Rindergulasch in einen großen Topf geben und dort anbraten lassen, wenn das Fleisch bräunlich wird, das Tomatenmark dazugeben und alles gut miteinander vermischen. Den Gemüse Fond dazu nutzen, um das Ganze abzulöschen.

Danach Knoblauch, Thymian, Ingwer und die Lorbeerblätter dazugeben und alles etwa 1,5 bis 2 Stunden vor sich hin köcheln lassen bei schwacher Hitze. Unterdessen die Rote Beete schälen und anschließend in Stücke schneiden. In einer extra Schale den Zitronensaft mit der Roten Beete vermischen und die Mischung dann zu dem Gulasch geben. Nach Belieben mit Pfeffer und Salz würzen und alles gut umrühren. Die Kräuter zum Teil wieder aus der Mischung entnehmen und den Rest auf den Teller füllen und genießen. Den restlichen Dill als Dekoration nutzen, guten Appetit!

BROKKOLI MIT FETA

NÄHRWERTANGABEN

KH	5,9 g
EIWEISS	18,5 g
FETT	16,0 g
KALORIEN	250 kcal

PRO 100 G

ZUTATEN

Für Zwei Personen

- 230g Feta
- 300g Brokkoli
- 6g Mandelblättchen
- 2 Esslöffel Sahne
- Zitronensaft
- Puderzucker (1 Teelöffel)
- Salz und Pfeffer

ZUBEREITUNG

1. Den Brokkoli von seinem Stamm entfernen und von diesem dann ganz dünne Scheiben mit einem Schäler abschneiden. Alles zusammen in einen großen Kochtopf geben und garen lassen, bis die gewünschte Konsistenz erreicht ist. Den Zitronensaft, Sahne, Puderzucker und nach Belieben Salz und Pfeffer dazugeben und alles umrühren.

Den Feta in Würfel schneiden und die Mandelblättchen ganz klein hacken. Den Brokkoli auf dem Teller anrichten und den Feta und die Mandelblättchen darüber verteilen und zusammen mit dem Dressing servieren.

CHIA-KIWI-PUDDING

NÄHRWERTANGABEN

KH	16,5 g
EIWEISS	12,9 g
FETT	72,6 g
KALORIEN	490 kcal

PRO 100 G

ZUTATEN

Für Vier Personen

- 500ml Kokosmilch (oder Mandelmilch)
- 200g Himbeeren
- 1 Teelöffel Agavendicksaft
- 1 Kiwi
- 80g Chia Samen
- Minze (frisch)

ZUBEREITUNG

1. Zwei Drittel der Himbeeren nehmen und mit einem Standmixer fein pürieren. In einer Schüssel die Chia-Samen zu der Milch geben und stark umrühren, bis keine Klumpen mehr zu erkennen sind. Nun den Agavendicksaft hinzugeben und gut verrühren und anschließend die pürierten Himbeeren der Masse hinzugeben.

Alles gut verrühren und dann über Nacht in den Kühlschrank stellen. Die Kiwi dann in Stücke schneiden und die grob gehackte Minze mit der Kiwi verrühren. Diese Mischung als Topping auf die Mischung der Chia-Samen geben und genießen!

RINDERFILET-RÖLLCHEN

NÄHRWERTANGABEN

KH	6,9 g
EIWEISS	58,5 g
FETT	36,0 g
KALORIEN	600 kcal

PRO 100 G

ZUTATEN

Für Zwei Personen

- 150g Frischkäse (fettarm)
- 300g Rinderfilet
- 1 Zitrone
- 2 Frühlingszwiebeln
- 1 Knoblauch
- 3 Esslöffel Krabben
- 60g Parmesan
- 4 Esslöffel Olivenöl
- Salz und Pfeffer

ZUBEREITUNG

1. Das Rinderfilet in ca. 3-4 Millimeter Dicke abschneiden und dann auf 1 Millimeter dünne Scheiben mit einem schweren Gegenstand platt machen. Die Krabben aufmachen und auf einem Teller lagern. Die Frühlingszwiebeln in feine Ringe schneiden und den Knoblauch erst schälen und dann in kleine Würfel schneiden. Den Parmesan fein reiben und die Zitrone pressen.

2. Das Olivenöl mit dem Frischkäse, Frühlingszwiebeln, Knoblauch, Parmesan, Krabben und Zitronensaft in eine Schüssel geben und sehr gut vermischen. Alles dann nach Belieben mit Salz und Pfeffer verfeinern. Die entstandene Creme dann auf den Filetscheiben verteilen, daraus Rollen wickeln und so servieren.

LAMMRÜCKEN MIT SPARGEL

NÄHRWERTANGABEN

KH	5,2 g
EIWEISS	60,5 g
FETT	61,0 g
KALORIEN	800 kcal

PRO 100 G

ZUTATEN

Für Zwei Personen

- 600g Lammrücken
- Knoblauch
- Rosmarin, Thymian
- 500g grünen Spargel
- 3 Esslöffel Olivenöl
- 1 Esslöffel Butter
- Salz und Pfeffer

ZUBEREITUNG

1. Den Lammrücken soweit wie nötig vorbereiten und dann mit Salz und Pfeffer verfeinern. Die gesamte Knolle vom Knoblauch einmal in der Hälfte durchschneiden. Zwei Esslöffel von dem Olivenöl in den Bräter geben und erwärmen. Den Backofen auf 180 Grad vorheizen. Den Lammrücken anschließend von allen Seiten anbraten lassen und unterdessen Rosmarin, Thymian und den Knoblauch dazugeben. Den Bräter in den Backofen stellen und dort etwa eine halbe Stunde garen lassen.

2. Währenddessen bei dem Spargel das untere Drittel entfernen und einen Esslöffel Öl und die Butter in einer Pfanne erhitzen und die einzelnen Stangen nacheinander etwas anbraten lassen, pro Spargel ca. 5 Minuten. Auf einem Teller den Lammrücken mit den Kräutern und den Spargel servieren und genießen.

FITNESS-ROTKOHL

NÄHRWERTANGABEN

KH	7,9 g
EIWEISS	2,5 g
FETT	3,0 g
KALORIEN	70 kcal

PRO 100 G

ZUTATEN

Für Vier Personen

- 3 Frühlingszwiebeln
- Halber Rotkohl
- Zitrone
- 6 Radieschen
- Petersilie
- 1 Esslöffel Öl
- 1 Birne
- Agavendicksaft
- Olive
- Salz und Pfeffer

ZUBEREITUNG

1. Den Rotkohl mit einem scharfen Messer in ganz feine Streifen schneiden und dann noch weiter fein reiben mit einer Reibe. Den Rotkohl nach Belieben mit Salz verrühren und für eine halbe Stunde stehen lassen. Währenddessen die Frühlingszwiebeln von der Knolle trennen und nur das Grün in feine Ringe schneiden.

Die Radieschen halbieren und dann in ganz dünne Scheiben schneiden. Den Rotkohl nach Belieben mit Zitronensaft, Agavendicksaft und Olive verfeinern. Alles gut verrühren und Petersilie hinzugeben. Die Birne von der Haut befreien und in feine Würfel schneiden und zusammen mit dem Rotkohl servieren und genießen!

LECKERE SPIEßE VOM GRILL

NÄHRWERTANGABEN

KH	5,9 g
EIWEISS	16,5 g
FETT	10,0 g
KALORIEN	190 kcal

PRO 100 G

ZUTATEN

Für Sechs Personen

- 300g Zucchini
- 400g Hähnchenbrustfilet
- Jeweils eine rote und gelbe Paprika
- 1 Zwiebel
- Rosmarin
- Thymian
- Knoblauch
- 200g Mais (aus der Dose)
- 50ml Olivenöl
- Salz und Pfeffer

ZUBEREITUNG

1. Das Hähnchenfilet in etwas größere Würfel schneiden und die Zucchini in Scheiben schneiden. Beide Paprikas erst halbieren und dann die Kerne entfernen und in größere Stücke zerteilen. Die Zwiebel von der äußeren Haut befreien und dann die einzelnen Schichten abziehen, ohne sie abzuschneiden. Dann Spieße zur Hand nehmen und das Fleisch, die Zucchini, Paprika und die Zwiebel abwechselnd darauf stecken.

2. Den Knoblauch pressen und in eine Schüssel geben und zusammen mit dem Öl verrühren und nach Belieben mit Salz und Pfeffer vermischen. Rosmarin und Thymian dazu fein zerkleinern und mit in die Mischung geben. Die Masse als Marinade für die Spieße verwenden und die Spieße damit in eine Auflaufform packen. Für mehrere Stunden im Kühlschrank lagern und währenddessen Grill oder Backofen anheizen, um die Spieße grillen zu können. Dann mit dem Mais als Beilage auf dem Teller servieren und genießen!

HASELNUSSBROT

NÄHRWERTANGABEN

KH	6,4 g
EIWEISS	5,1 g
FETT	9,0 g
KALORIEN	140 kcal

PRO 100 G

ZUTATEN

Für Zwei Personen

- 1 Banane
- 3 Eier
- 1 Zucchini
- 150g gemahlene Mandeln
- 2 Teelöffel Backpulver
- 1 Teelöffel Kokosöl
- 3 Teelöffel Honig
- 1 Teelöffel Zimt
- 2 Esslöffel Rosinen
- Salz, Zimt

ZUBEREITUNG

Die Zucchini mithilfe einer Reibe in kleine Stücke reiben und diese in eine Schüssel geben und in Salz einlegen. Nach einigen Minuten wieder herausnehmen und so gut wie möglich die Flüssigkeit herauspressen. Honig, Banane und Kokosöl, sowie Eier in eine Schüssel geben und alles gut verrühren. Die Rosinen und danach die Zucchini hinzugeben und weiter gut vermischen.

Gemahlene Mandeln, Backpulver, Zimt und nach Belieben Salz in eine zusätzliche Schüssel packen und alles gut verrühren. Diese Masse dann zu der Zucchini-Mischung geben und gut unterheben und vermengen. Den Backofen auf 180 Grad vorheizen lassen und dann eine Brotform mit dem Kokosöl einreiben und den Teig hineingießen. Das Brot dann für 40 Minuten backen und danach abkühlen lassen und in Scheiben schneiden und genießen!

RINDERSTEAK MIT BOHNEN

NÄHRWERTANGABEN

KH	3,9 g
EIWEISS	24,5 g
FETT	8,0 g
KALORIEN	209 kcal

PRO 100 G

ZUTATEN

Für Zwei Personen

- 2 Rindersteaks (pro Stück jeweils 200g)
- 150g grüne Bohnen
- 4 Streifen Speck
- Rosmarin
- Salz und Pfeffer

ZUBEREITUNG

1. Die Bohnen für etwa 10 Minuten im heißen Wasser kochen lassen und danach wieder herausnehmen. Den Speck verwenden, um die Bohnen in dem Speck einzurollen. Die Steaks dann auf den Grill bzw. in die Pfanne legen und von beiden Seiten braun braten lassen.

Einen Zweig vom Rosmarin auf die gegrillte Seite legen und so braten, wie es beliebt. Die Bohnenbündel ein paar Minuten ebenfalls in die Pfanne oder auf den Grill legen und dort ständig drehen und dann zusammen mit dem Steak auf dem Teller servieren und noch entsprechend nachwürzen mit Salz und Pfeffer.

HÄHNCHENBRUST MIT SENF

NÄHRWERTANGABEN

KH	8,0 g
EIWEISS	4,3 g
FETT	19,5 g
KALORIEN	223 kcal

PRO 100 G

ZUTATEN

Für Zwei Personen

- 2 Tomaten
- 2 Frühlingszwiebeln
- 3 Esslöffel Olivenöl
- Süßer Senf
- Hähnchenbrust 100g
- Pfeffer und Salz
- Petersilie

ZUBEREITUNG

Zunächst die Hähnchenbrust in kleine Streifen schneiden, anschließend mit einem Esslöffel Olivenöl in die Pfanne geben, von beiden Seiten braun anbraten und nach Belieben mit Salz und Pfeffer würzen. Währenddessen die Tomaten halbieren und die Flüssigkeit mit den Kernen vollständig entfernen.

Den Rest in kleine Stücke schneiden und die Frühlingszwiebeln in feine Ringe schneiden. Die Petersilie kleinhacken. Anschließend alles zusammen in eine Schüssel geben und mit dem Senf, Pfeffer und Salz verfeinern. Das Olivenöl und die Hähnchenbrust im Anschluss dazugeben und alles gut umrühren. Mit Salat anrichten und genießen!

THYMIAN-LACHS

NÄHRWERTANGABEN

KH	1,0 g
EIWEISS	39,3 g
FETT	34,5 g
KALORIEN	408 kcal

PRO 100 G

ZUTATEN

Für Zwei Personen

- 2 Lachsfilets (pro Stück 200g)
- Thymian
- 1 Zitrone
- Knoblauch
- 3 Esslöffel Olivenöl
- Salz und Pfeffer

ZUBEREITUNG

1. Den Backofen zuerst auf 170 Grad vorheizen lassen. Die Thymianblätter danach vom Stamm abzupfen und in kleine Stücke hacken. Die Zitrone außerdem in Scheiben schneiden und den Knoblauch halbieren.

Die Pfanne mit dem Öl erhitzen lassen und den Knoblauch mit in die Pfanne geben. Die Filets nach Belieben mit Salz, Pfeffer und Thymian von beiden Seiten würzen und dann in die heiße Pfanne geben.

Den Lachs immer wieder wenden, nach ein paar Minuten aus der Pfanne nehmen und den Lachs auf ein Backblech mit Backpapier backen und oben drauf mit den Zitronenscheiben belegen und für etwa 15 Minuten im Backofen garen lassen. Dann servieren und genießen!

FITNESS TOMATEN-SUPPE

NÄHRWERTANGABEN

KH	4,5 g
EIWEISS	1,3 g
FETT	21,5 g
KALORIEN	248 kcal

PRO 100 G

ZUTATEN

Für Zwei Personen

- 2 Schalotten
- 2 Knoblauchzehen
- 500ml Gemüse Fond
- 100g Butter
- Thymian
- Ingwer
- Halbe Zitrone
- 3 Esslöffel Olivenöl
- Süßstoff
- Muskat
- Salz und Pfeffer

ZUBEREITUNG

1 Die Tomaten zunächst in Stücke schneiden. Den Knoblauch, die Schalotten und den Ingwer in kleine Würfel zerschneiden. Nebenbei die Butter und das Öl in einem Topf erhitzen und den Knoblauch mit den Schalotten zusammen anbraten. Nach ein paar Minuten die Tomaten dazugeben und mit anbraten lassen.

Die Tomaten anschließend mit dem Fond ablöschen. Den Ingwer und Thymian anschließend mit in die Suppe geben und alles etwa 25 Minuten vor sich hinköcheln lassen. Den Deckel dazu auf den Topf machen und nach der Zeit mit Muskat, Zitronensaft, Süßstoff, Salz und Pfeffer nach Belieben abschmecken.

Den Thymian anschließend wieder herausnehmen und die Suppe mit einem Püriergerät durchrühren. Alles zerkleinern. Die Suppe anschließend durch ein Sieb drücken, damit sich die Anzahl der Tomaten reduzieren kann. Dann servieren und genießen!

DUNKLES LOW CARB BROT

NÄHRWERTANGABEN

KH	6 g
EIWEISS	45 g
FETT	61 g
KALORIEN	827 Kcal
PRO BROT	

ZUTATEN

Für 1 Brot

- 80 g Mandeln (gemahlen, blanchiert)
- 40 g Leinmehl
- 20 g Hanfmehl
- 15 g Weinsteinbackpulver
- 2 große Eier
- 1 großes Eiweiß
- 1 EL Apfelessig
- 180 ml Wasser (kochend)

ZUBEREITUNG

1. Backofen auf 180 Grad vorheizen. Die trockenen Zutaten werden in eine Schüssel gegeben und mit einem Löffel sehr gut durchgemischt. Das Backpulver muss gleichmäßig verteilt sein. Danach kann das Wasser in einem Wasserkocher abgekocht werden.

Zu der Mischung werden die Eier und das Eiklar sowie der Essig gegeben. Dann nimmt man das Handrührgerät und knetet die Masse mit dem Knethaken gut durch. Schüssel auf die Waage stellen und mit ca. 150 ml / g Wasser auffüllen. Sofort danach weiterhin kräftig kneten, bis der Teig fest und gebunden ist.

2. Dann den Teig vorsichtig aus der Schüssel nehmen und den Teig noch mal kurz kneten. Der Teig soll dabei kompakt sein und nicht auseinander gezogen werden. Dann den Teig in die Hände nehmen und zu einem länglichen, flachen Stück formen.

3. Danach kann man den Teig in den Backofen auf ein Backpapier geben und das Ganze bei ca. 65 Minuten backen lassen. Nach der Zeit noch mal kurz wenden und weitere 5 bis 10 Minuten backen.

GEMÜSE-HACK-PFANNE

NÄHRWERTANGABEN

KH	5 g
EIWEISS	40 g
FETT	28 g
KALORIEN	450 kcal

ZUTATEN

Für Vier Personen

- 100 g Cherry-Tomaten
- 200 g Rinderhack
- 1 rote Paprika
- 1 gelbe Paprika
- Salz & Pfeffer
- 1 EL Kokosöl
- Etwas Paprika & Chiligewürz

ZUBEREITUNG

1. Brate das Hackfleisch in der Pfanne mit etwas Kokosöl an

2. Schneide Tomaten und Paprika klein

3. Nachdem das Fleisch durch ist, kannst du das Gemüse hinzugeben

4. Das ganze etwas anbraten und mit Gewürzen abstimmen

LOW CARB PIZZA

NÄHRWERTANGABEN

KH	13,5 g
EIWEISS	48,9 g
FETT	38,6 g
KALORIEN	650 kcal

PRO 100 G

ZUTATEN

Für Eine Personen

- Lizza Teig (Low Carb Pizza)
- 125g Mozzarella
- 2 Tomaten
- 1 Esslöffel Olivenöl
- 80g stückige Tomaten (aus der Dose)
- Basilikum
- Schwarze Oliven
- Oregano
- Salz und Pfeffer

ZUBEREITUNG

1. Ein Backblech mit Backpapier auslegen und den Lizza Teig darauf ausbreiten. Den Backofen auf 220 Grad vorheizen und den Teig anschließend für 6 Minuten kurz anbacken lassen. Unterdessen die Tomaten in Scheiben schneiden und den Basilikum etwas zerhacken. Die Tomaten aus der Dose mit dem Olivenöl, in eine Schüssel geben und nach Belieben mit Oregano, Salz und Pfeffer verfeinern.

Den Lizza Teig einfach umdrehen und die Seite mit der gerade angerührten Masse bestreichen. Die einzelnen Tomatenscheiben darüber legen. Den Mozzarella in feine Stücke zerreißen und auf die Tomaten streuen. Die Pizza nochmals für etwa 15 Minuten in den Ofen geben und bei 220 Grad backen. Die Pizza auf dem Teller servieren und mit Oregano, schwarzen Oliven und Basilikum bestreuen.

CHIA-JOGHURT

NÄHRWERTANGABEN

KH	27 g
EIWEISS	11 g
FETT	8 g
KALORIEN	240 kcal

ZUTATEN

Für Vier Personen

- 250 g Naturjoghurt (1,5%)
- 100 g Erdbeeren (oder z.B. Kiwi / Banane / Himbeeren)
- 10 g Chia-Samen
- 1 EL Honig

ZUBEREITUNG

1. Schneide zuerst die Früchte in kleine, mundgerechte Stücke

2. Anschließend vermengst du die Früchte mit den restlichen Zutaten in einer Schüssel.

PORTUGIESISCHE CATAPLANA

NÄHRWERTANGABEN

KH	9 g
EIWEISS	60 g
FETT	12 g
KALORIEN	400 kcal

ZUTATEN

Für Vier Personen

- 100 g Garnelen
- 200 g Kabeljau
- 200 g passierte Tomaten
- 50 ml Hühnerbrühe
- 1 EL Kokosnussöl
- etwas Salz & Pfeffer
- Kräuter (z.B. Oregano oder Kräuter der Provence)
- 2 TL Paprikapulver
- 2 TL Chilipulver
- 2 TL Kurkuma

ZUBEREITUNG

1. Kabeljau und Garnelen mit etwas Kokosöl und Salz & Pfeffer in einer Pfanne anbraten

2. Passierte Tomaten, Hühnerbrühe, Gewürze und Kräuter in einen Wok oder Kochtopf geben

3. Nachdem Kabeljau und Garnelen fertig gebraten sind, Kabeljau kleinschneiden und zusammen mit den Garnelen in den Topf geben

4. Den Topf oder den Wok unter ständigem erhitzen umrühren, bis der Fisch-Eintopf schön warm ist

LACHSFILET AUF SALAT

NÄHRWERTANGABEN

KH	5,5 g
EIWEISS	15,5 g
FETT	8,0 g
KALORIEN	355 kcal

PRO PORTION

ZUTATEN

Für Zwei Personen

- 250g Lachsfilet
- 300ml Gemüsebrühe
- 1 Fenchel
- 1 Lauch
- 80ml saure Sahne
- Pfeffer und Salz
- etwas Rucola

ZUBEREITUNG

Eine Pfanne erhitzen, um dort die Gemüsebrühe zum Kochen zu bringen. Anschließend die Lachfilets darin eintauchen und ziehen lassen. Nach einigen Minuten die Filets wenden, dies mehrmals wiederholen. Nachdem die Filets durch sind, diese aus der Gemüsebrühe nehmen und gesondert auf einem Teller lagern. Den Fenchel und Lauch in Stücke schneiden.

Das Gemüse in die Pfanne zu der Gemüsebrühe geben und gut köcheln lassen. Nach etwa 10 Minuten die saure Sahne unterrühren und nach Belieben mit Salz und Pfeffer abschmecken.

Den Lachs wieder mit in die Pfanne geben und alles kurz köcheln lassen. Alles auf dem Teller servieren und genießen!

EIWEIß FLAMMKUCHEN

NÄHRWERTANGABEN

KH	15,0 g
EIWEISS	80,0 g
FETT	40,0 g
KALORIEN	750 kcal

PRO PORTION

ZUTATEN

Für Zwei Personen

- 2 große Eier
- 20g gemahlene Mandeln
- 100g geriebenen Käse (Gouda)
- 120g körniger Frischkäse
- 50g Schinkenwürfel
- halbe Lauchzwiebel
- 80g Créme fraiche
- optional: Feldsalat

ZUBEREITUNG

1. In einer Schüssel den Frischkäse, den Gouda, die Eier und die gemahlenen Mandeln geben und die Masse gut verrühren. Währenddessen den Ofen auf etwa 180 Grad vorheizen lassen. Die entstandene Masse auf einem Backblech mit Backpapier ausrollen. Dabei darauf achten, dass die Schicht möglichst dünn ist, damit der Teig schön knackig wird. Das Backblech in den Ofen packen und ca. 10 Minuten backen lassen.

Danach wenden und noch einmal in der gleichen Zeit auf der anderen Seite backen lassen. Währenddessen die Lauchzwiebel in kleine Ringe schneiden. In einer Pfanne die Schinkenwürfel ohne Fett ganz leicht anbraten lassen. Dann den Boden mit dem Créme fraiche bestreichen und mit den Schinkenwürfeln und Lauchzwiebelringen bestreuen. Zuletzt noch 2-3 Minuten in den Ofen und der Flammkuchen kann verzehrt werden. Optional mit Feldsalat servieren und genießen.

DORSCHFILET MIT MEDITERANEM GEMÜSE

NÄHRWERTANGABEN

KH	9 g
EIWEISS	53 g
FETT	12 g
KALORIEN	370 kcal

PRO 100 G

ZUTATEN

Für Vier Personen

- 250 g Dorschfilet
- 1 Aubergine
- 1 rote Zwiebel
- 1 rote Paprika
- 1 EL Kokosöl
- etwas Basilikum
- Salz & Pfeffer
- 1/4 Zucchini

ZUBEREITUNG

1. Aubergine, Zucchini, Zwiebel & Paprika waschen und in kleine Würfel schneiden

2. Gemüse mit etwas Kokosöl sowie Salz & Pfeffer in der Pfanne anbraten

3. Gemüse herausnehmen und Dorschfilet in der Pfanne anbraten

4. Anschließend wieder Gemüse Pfanne geben, Basilikum hinzufügen und mit Gewürzen oder noch etwas Salz & Pfeffer abstimmen

5. Gemüse & Dorschfilet herausnehmen und auf einem Teller anrichten

ZUCCHINI-SUPPE

NÄHRWERTANGABEN

KH	4,9 g
EIWEISS	2,5 g
FETT	12,0 g
KALORIEN	112 kcal

PRO 100 G

ZUTATEN

Für Vier Personen

- Zucchini
- 1 Becher Créme fraiche
- 220ml Gemüse Fond
- 1 Zwiebel
- 1 Knoblauch
- 1 Zitrone
- Ingwer
- Petersilie
- Halbe Chilischote
- 1 Esslöffel Olivenöl
- Salz und Pfeffer

ZUBEREITUNG

Die Zwiebel und den Knoblauch schälen und in kleine Stücke schneiden. Die Chilischote öffnen und dann das Innere herausnehmen und den Rest in kleine Stücke hacken. Die Zucchini in Würfel schneiden. Das Olivenöl in einem großen Topf erhitzen und dann die Zwiebel braten, bis sie langsam braun wird. Dann ablöschen mit dem Gemüse-Fond und Zucchini, Knoblauch, Chilischote und Ingwer nacheinander hineingeben.
Die Suppe bei schwacher Hitze weiter vor sich hin köcheln lassen. Die Schale der Zitrone mithilfe einer Reibe in kleine Stücke zerteilen. Warten bis die Zucchini gar ist du im Anschluss Créme fraiche dazugeben und verrühren. Anschließend nach Belieben Petersilie hinzufügen. Die Schale der Zitrone dazugeben und nach Belieben mit Salz und Pfeffer würzen. Die Suppe noch etwas kleiner pürieren und dann servieren!

HÄHNCHENBRUSTFILET MIT KAROTTE

NÄHRWERTANGABEN

KH	7,2 g
EIWEISS	60,5 g
FETT	8,7 g
KALORIEN	361 kcal

PRO 100 G

ZUTATEN

Für Vier Personen

- 2 Hähnchenbrustfilets (pro Stück jeweils 250g)
- 150g Karotte
- 100g Petersilie
- 80g Lauch
- 80g rote Paprika
- Thymian
- 2 Esslöffel Butter
- 1 Teelöffel Olivenöl
- 50g Meerrettich
- Salz und Pfeffer

ZUBEREITUNG

Die Karotten und den Meerrettich schälen und dann in dünne Streifen schneiden. Den Lauch ebenfalls in Streifen schneiden und die Paprika zunächst halbieren, die Kerne entfernen und dann in Stifte schneiden.

Die Hähnchenbrust mit Olivenöl, Salz, Pfeffer und Thymian bestreichen und ohne weiteres Öl in einer Pfanne braten, bis es braun wird. Das Gemüse zusammen mit der Hähnchenbrust auf dem Teller servieren und genießen.

HÄHNCHENBRUSTFILET MIT BROKKOLI

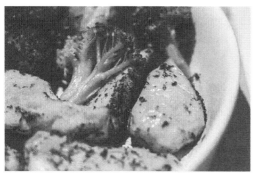

NÄHRWERTANGABEN

KH	8,5 g
EIWEISS	35,9 g
FETT	5,6 g
KALORIEN	220 kcal

PRO 100 G

ZUTATEN

Für Vier Personen

- 400g Hähnchenbrustfilets
- 300g Brokkoli
- 12 Champignons (braun)
- 2 Frühlingszwiebeln
- 1 Knoblauchzehe
- 2 rote Chilischoten
- Ingwer
- Zitronensaft
- Halbe rote Paprika
- 150ml Gemüse Fond
- 5 Esslöffel Naturjogurt
- 1 Teelöffel Honig
- Salz und Pfeffer

ZUBEREITUNG

Die Hähnchenbrustfilets in feine Streifen schneiden. Den Brokkoli vom Stamm abschneiden. Die Champignons halbieren und ggf. vierteln. Den Knoblauch und Ingwer zunächst schälen und dann in dünne Scheiben schneiden. Die Frühlingszwiebeln und Chilischoten in Ringe schneiden.

Die halbe Paprika in kleinere Stücke zerteilen. Olivenöl in einer großen Pfanne erhitzen und zunächst das Fleisch von beiden Seiten scharf anbraten. Einige Minuten später die Zwiebeln dazugeben. Beides aus der Pfanne nehmen und in eine Schüssel legen. Brokkoli und Paprika in die noch heiße Pfanne geben und auf mittlerer Hitze anbraten lassen. Einige Minuten danach die Champignons, den Knoblauch und den Ingwer hinzufügen und alles mit anbraten lassen.

Anschließend den Fond dazugeben und das Fleisch wieder mit in die Pfanne packen. Naturjogurt, Honig und Zitronensaft auch dazugeben und alles kurz köcheln lassen und nach Belieben mit Salz und Pfeffer abschmecken und dann servieren.

KÜRBIS MIT ORANGE

NÄHRWERTANGABEN

KH	11,5 g
EIWEISS	4,9 g
FETT	17,6 g
KALORIEN	240 kcal

PRO 100 G

ZUTATEN

Für Vier Personen

- 200g Kürbis
- 150g Feldsalat
- 200g Rucola
- Thymian
- Zitrone
- 2 Esslöffel Olivenöl
- Halbe Orange
- Muskat, Chili

- 100ml Orangensaft
- 80ml Kokosöl
- 1 Teelöffel süßen Senf
- 1 Teelöffel Agavendicksaft
- Salz und Pfeffer

ZUBEREITUNG

Zuallererst den Backofen auf 140 Grad vorheizen lassen. Danach den Kürbis in dünne Streifen schneiden und auf ein Backblech mit Backpapier legen. Chiliflocken mit Muskat und Olivenöl vermischen und nach Belieben mit Salz und Pfeffer abschmecken. Den Kürbis mit einem Küchenpinsel damit bestreichen und die Thymianstücke auf den Kürbis legen und im Backofen für 15 Minuten backen.

Währenddessen die Schale der Zitrone mithilfe einer Reibe in feine Stücke reiben. Die Orange halbieren und filetieren. Rucola und Feldsalat auf allen Tellern mit der Zitronenschale und der Orange gleichmäßig verteilen. Den Kürbis aus dem Ofen nehmen und oben auf dem Salat servieren. Orangensaft, süßer Senf, Agavendicksaft und Kokosöl miteinander verrühren und als Dressing über Kürbis und Salat geben und genießen!

AUBERGINE MIT TOMATE

NÄHRWERTANGABEN

KH	8,5 g
EIWEISS	16,9 g
FETT	32,6 g
KALORIEN	380 kcal

PRO 100 G

ZUTATEN

Für Vier Personen

- 10 Kirschtomaten
- 1 Aubergine
- 150g Feta
- Basilikum
- 1 Esslöffel Pinienkerne
- Zitronensaft
- 3 Esslöffel Olivenöl
- Salz und Pfeffer

ZUBEREITUNG

Die Aubergine zunächst halbieren und dann in längliche etwa Zeigefingerdicke Scheiben schneiden und nach Belieben mit Salz bestreuen. Die Auberginen ziehen lassen, nach etwa 40 Minuten das Salz wieder entfernen. Währenddessen die Tomaten halbieren und den Feta mit einer Gabel zerkleinern. Eine Pfanne erhitzen und darin die Pinienkerne kross werden lassen und beidseitig anbraten.

Die einzelnen Scheiben der Aubergine noch einmal nach Belieben salzen und mit Pfeffer und Olivenöl verfeinern. Diese Scheiben in die heiße Pfanne geben (alternativ: Grill) und dort anbraten, bis sie braun sind. Das Ganze dann mit den Tomaten, dem Feta, Pinienkernen und dem Basilikum servieren und genießen!

HÄHNCHENBRUSTFILET MIT ORANGEN-SALAT BEILAGE

NÄHRWERTANGABEN

KH	17 g
EIWEISS	55 g
FETT	22 g
KALORIEN	500 kcal

ZUTATEN

Für Vier Personen

- 250 g Hähnchenbrustfilet
- 1 Orangen
- 50 g Salat
- 1 rote Zwiebel
- 1 TL Kurkuma

Für Sauce & Dressing

- 100 g Naturjoghurt
- Salz & Pfeffer
- Saft von einer halben Zitrone

ZUBEREITUNG

1. Fleisch in einer Pfanne mit etwas Kokosöl, Salz & Pfeffer sowie Kurkuma anbraten.

2. Joghurt-Dressing in einer kleinen Schüssel anmischen.

3. Orange filetieren und Salat zerkleinern. Zwiebel in kleine Ringe zerlegen.

4. Hähnchenbrust-Filet mit Joghurt-Dressing & Salat anrichten.

CHILI CON CARNE

NÄHRWERTANGABEN

KH	30 g
EIWEISS	40 g
FETT	20 g
KALORIEN	500 kcal

ZUTATEN

Für Vier Personen

- 150 g Hackfleisch
- 200 g passierte Tomaten
- 30 g Tomatenmark
- 50 g Mais
- 30 g Kidneybohnen
- Salz & Pfeffer
- etwas Chilli- oder Paprikapulver
- 2 Knoblauchzehe
- 1 EL Kokosöl

ZUBEREITUNG

1. Zuerst werden die beiden Knoblauchzehen in kleine Würfel geschnitten und bei niedriger Stufe in einem Topf mit etwas Kokosöl angebraten

2. Anschließend gibt man das Hackfleisch hinzu und würzt es mit Salz & Pfeffer

3. Nun brät man im Topf das Hackfleisch an, bis es durch ist

4. Anschließend gibt man die passierten Tomaten sowie das Tomatenmark, den Mais, die Kidneybohnen sowie die restlichen Gewürze hin

5. Das ganze lässt man dann noch für ein paar wenige Minuten köcheln

APFEL-WALNUSS-MUFFINS

NÄHRWERTANGABEN

KH	10 g
EIWEISS	5 g
FETT	17 g
KALORIEN	213 kcal

PRO STÜCK

ZUTATEN

Für 6 Muffins

- 1 Apfel
- 1 Zitrone, davon der Saft
- 50 g Walnüsse
- 50 g Butter
- 50 g Xylit
- 2 Eier (Gr. M)
- 2 EL Mandelmehl
- 1 TL Zimt

ZUBEREITUNG

1. Den Apfel waschen, in kleine Würfel schneiden und mit etwas Zitronensaft beträufeln. Die Walnüsse grob hacken und beides beiseite stellen.

2. In einer Schüssel die Butter und den Xylit mit einem Handrührgerät aufschlagen, dann nacheinander die beiden Eier einrühren. Das Mandelmehl mit dem Zimt vermischen und mit der Butter-Ei-Masse vermengen. Zuletzt die Apfelstückchen und die Walnüsse unterheben.

3. Eine Muffinform gut einfetten und den Teig in die Mulden verteilen. Die Muffins bei 170 °C ca. 20 - 25 Minuten backen.

GEFÜLLTE AVOCADO

NÄHRWERTANGABEN

KH	1 g
EIWEISS	11 g
FETT	31 g
KALORIEN	326 kcal

PRO PORTION

ZUTATEN

Für 4 Personen

- 2 große Avocados
- 4 Eier (Gr. S)
- 8 Streifen Bacon (ca. 80g)
- Salz & Pfeffer
- etwas frische Petersilie
- 8 - 16 eingeweichte Zahnstoch

ZUBEREITUNG

1. Die Avocados halbieren, den Kern herausnehmen und einen Teil des Fruchtfleisches mit einem Löffel entfernen, damit die Eier später gut in die Mulden passen. Darauf achten, dass die Mulden eher länglich und flach sind, sodass das Ei gleichmäßig garen kann. Den Bacon klein schneiden.

2. Jeweils 2 - 4 Zahnstocher außen an den Avocado-Hälften anbringen, sodass sie beim Befüllen nicht zur Seite rollen. Auf einem Backblech platzieren und vorsichtig jeweils ein Ei hineingeben. Den Bacon darüber verteilen und nach Belieben mit Pfeffer und Salz würzen - dabei mit dem Salz eher sparsam umgehen, da der Bacon schon sehr salzig ist.

3. Bei 170 °C ca. 15 - 20 Minuten im Backofen garen. Nach der Garzeit kurz abkühlen lassen, etwas frische Petersilie über den Avocadohälften verteilen und servieren.

KÄSEKÜCHLEIN OHNE BODEN

NÄHRWERTANGABEN

KH	6 g
EIWEISS	4 g
FETT	10 g
KALORIEN	130 kcal

PRO STÜCK

ZUTATEN

Für 6 Küchlein

- 200 g Frischkäse
- 100 g griechischer Joghurt
- 20 g Vanillepuddingpulver
- 4 EL Erythrit
- 1 Ei (Gr. M)
- 1 Vanilleschote
- 120 g Himbeeren (optional)

ZUBEREITUNG

1. In einer Schüssel den Frischkäse mit dem griechischen Joghurt glattrühren. Das Mark der Vanilleschote herauskratzen und mit in die Schüssel geben, ebenso wie den Erythrit. Das Vanillepuddingpulver hineinsieben und alles gut vermengen.

2. Das Ei in einer separaten Schüssel leicht aufschlagen, danach zu der Frischkäse-Masse geben und gut unterrühren.

3. Nun die Masse gleichmäßig in den Muffinförmchen verteilen - eine Silikonform eignet sich hier besonders gut, da sich die Küchlein so am besten lösen lassen. Bei 160 °C 30 - 40 Minuten backen. Nach der Backzeit einen Kochlöffel in die Ofentür klemmen und die Küchlein im Ofen auskühlen lassen.

4. Nach Belieben mit einigen frischen Himbeeren oder anderen Früchten garnieren.

RICOTTA-CRÊPES

NÄHRWERTANGABEN

KH	1 g
EIWEISS	11 g
FETT	18 g
KALORIEN	210 kcal

PRO PORTION

ZUTATEN

Für 4 Personen

- 125 g Ricotta
- 30 g weiche Butter
- 4 Eier (Gr. L)
- 2 EL Erythrit

ZUBEREITUNG

1. Den Ricotta mit der Butter in einer Schüssel glatt rühren, dann den Erythrit hinzufügen und gut unterrühren.

2. In einer separaten Schüssel die Eier luftig aufschlagen und danach zu der Ricotta-Masse geben. Alles gründlich vermengen und den Teig vor der Weiterverarbeitung kurz ruhen lassen.

3. Eine beschichtete Pfanne leicht fetten und eine dünne Schicht der Teigmasse darin verteilen. Bei niedriger Hitze backen, sodass die Crêpes nicht anbrennen. Sobald die Ränder goldbraun werden und beginnen, sich nach oben zu rollen, den Crêpe wenden und auf der anderen Seite ebenfalls goldbraun ausbacken.

4. Mit Toppings nach Wahl servieren, beispielsweise mit verschiedenen Beeren oder Fruchtquark.

TOMATEN-QUICHE OHNE BODEN

NÄHRWERTANGABEN

KH	8 g
EIWEISS	36 g
FETT	42 g
KALORIEN	556 kcal

PRO PORTION

ZUTATEN

Für 4 Personen

- 6 Tomaten
- 6 Eier (Gr. M)
- 4 Frühlingszwiebeln
- 1/2 TL Thymian
- 120 g Crème fraîche
- 220 g Hüttenkäse
- 230 g Emmentaler, gerieben
- frisches Basilikum
- Salz & Pfeffer

ZUBEREITUNG

1. Die Tomaten waschen, das Kerngehäuse entfernen und in kleine Würfel schneiden. Die Frühlingszwiebeln waschen und in kleine Ringe schneiden. Das Basilikum waschen und fein hacken.

2. In einer Schüssel die Eier mit der Crème fraîche glatt rühren, den Thymian und das Basilikum hinzufügen und mit Salz und Pfeffer würzen. Danach den Hüttenkäse, den Emmentaler, die Tomaten und die Frühlingszwiebeln unterrühren.

3. Eine kleine Auflaufform leicht fetten, die Masse hineingeben und bei 180 °C ca. 50 bis 60 Minuten backen. Vor dem Servieren leicht abkühlen lassen und mit einigen Blättchen Basilikum garnieren.

GRIECHISCHE FRITTATA

NÄHRWERTANGABEN

KH	4 g
EIWEISS	18 g
FETT	20 g
KALORIEN	272 kcal

PRO PORTION

ZUTATEN

Für 4 Personen

- 250 g Zucchini
- 150 g grüner Spargel
- 75 g Feta
- 50 g Mozzarella, gerieben
- 50 g schwarze Oliven
- 6 Eier (Gr. M)
- 2 Knoblauchzehen
- 1 EL Olivenöl
- 1/2 TL Basilikum
- 1/2 TL Thymian
- 1/2 TL Oregano

ZUBEREITUNG

1. Die Zucchini und den Spargel waschen und in grobe Stücke schneiden. Die Oliven ggf. entsteinen und gut abtropfen lassen, den Knoblauch fein hacken.

2. Eine beschichtete Pfanne erhitzen und den Knoblauch und die Kräuter im Olivenöl anschwitzen. Dann den Spargel sowie die Zucchini dazu geben und einige Minuten mit braten.

3. Währenddessen die Eier in einer Schüssel gut aufschlagen. Danach zu dem Gemüse in die Pfanne geben. Kurz stocken lassen, dann den Mozzarella und die Oliven darüber verteilen und zuletzt den Feta darüber krümeln. Abgedeckt ca. 5 Minuten weiter garen lassen.

4. Sobald die Frittata fast gar ist, die Pfanne für einige Minuten in den Backofen unter den Grill geben, sodass der Käse goldbraun wird.

HIMBEER-VANILLE-TARTELETTS

NÄHRWERTANGABEN

KH	6 g
EIWEISS	10 g
FETT	26 g
KALORIEN	307 kcal

PRO PORTION

ZUTATEN

Für 4 Tarteletts

- 250 ml Milch
- 130 g Erythrit
- 125 g Himbeeren
- 100 g Mandelmehl
- 50 g Butter
- 1 Ei (Gr. M)
- 1/2 TL Johannisbrotkernmehl
- 1/2 Vanilleschote

ZUBEREITUNG

1. Das Ei zusammen mit dem Johannisbrotkernmehl in einen kleinen Teil der Milch rühren. Die Vanilleschote längs aufschneiden, das Mark herauskratzen und dann zusammen mit der Schote und 80 g des Erythrits in die restliche Milch geben. Alles aufkochen und an dieser Stelle gegebenenfalls nachsüßen.

2. Sobald die Milch kocht, die Eimischung unter ständigem Rühren hinzugeben und solange aufkochen, bis die Masse anfängt, dick zu werden. Dann den Topf vom Herd nehmen, die Vanilleschote herausfischen und den Pudding abgedeckt abkühlen lassen.

3. Das Mandelmehl mit den restlichen 50 g des Erythrits und der Butter zu einem Teig verarbeiten und in leicht gefettete Tartelett-Förmchen geben. Jeweils 2 bis 3 EL des Puddings einfüllen und mit den Himbeeren toppen. Bei 200 °C ca. 20 Minuten backen.

LOW CARB SCHOKO-PUDDING

NÄHRWERTANGABEN

KH	7 g
EIWEISS	9 g
FETT	6 g
KALORIEN	121 kcal

PRO PORTION

Für 4 Personen

- 500 ml Milch
- 160 g Erythrit
- 4 EL Backkakao
- 2 Eier (Gr. M)
- 1 TL Johannisbrotkernmehl

1. Die Eier zunächst trennen. Das Eigelb zusammen mit Backkakao, Erythrit und Johannisbrotkernmehl in einen kleinen Teil der Milch verquirlen.

2. Den Rest der Milch auf dem Herd erhitzen. Sobald die Milch kocht, die Eimischung unter ständigem Rühren zur Milch hinzugeben und solange aufkochen, bis es andickt. Dann den Topf vom Herd ziehen.

3. In einer Schüssel die beiden Eiklar aufschlagen, aber darauf achten, dass der Eischnee nicht zu steif wird. Danach den Eischnee unter den noch heißen Pudding heben.

4. In kleinen Schälchen anrichten und nach Belieben mit Beeren, Nüssen oder anderen Toppings garnieren.

GEBACKENE APFELRINGE

NÄHRWERTANGABEN

KH	25 g
EIWEISS	13 g
FETT	42 g
KALORIEN	529 kcal

PRO PORTION

ZUTATEN

Für 4 Personen

- 4 säuerliche Äpfel
- 6 Eier
- 6 EL Kokosöl
- 80 ml Mandelmilch
- 50 g Mandelmehl
- 2 TL Honig
- 1/2 TL Zimt
- Kokosöl zum Ausbacken

ZUBEREITUNG

1. In einer Schüssel die Eier mit dem Kokosöl und der Mandelmilch luftig aufschlagen. Das Mandelmehl, den Honig und das Zimt hinzugeben und alles gut vermengen. Einige Minuten ruhen lassen.

2. Die Äpfel waschen, schälen und das Kerngehäuse mit Hilfe eines Apfelausstechers entfernen.

3. In einer Pfanne etwas Kokosöl auf mittlerer Stufe erhitzen. Die Apfelscheiben durch den Teig ziehen, sodass sie rundherum mit dem Teig bedeckt sind. Danach in die Pfanne geben und auf beiden Seiten goldbraun ausbacken.

LOW CARB BROWNIES

NÄHRWERTANGABEN

KH	6 g
EIWEISS	8 g
FETT	19 g
KALORIEN	238 kcal

PRO PORTION

ZUTATEN

Für 12 Brownies

- 240 g Mandelmus
- 125 ml Kokosmilch
- 70 g Xylit
- 60 g Backkakao
- 50 g Macadamia-Nüsse
- 2 Eier (Gr. L)
- 2 EL Schokodrops, zartbitter
- 1/2 TL Apfelessig
- 1/2 TL Natron

ZUBEREITUNG

1. In einer Schüssel die Eier und den Xylit kurz mit dem Handrührgerät aufschlagen. Danach das Mandelmus, den Backkakao, die Kokosmilch, das Natron und den Apfelessig hinzugeben und alles gut vermengen.

2. Eine Backform mit 20 x 20 cm (oder eine Auflaufform mit ähnlichen Maßen) einfetten und mit Backpapier auskleiden. Dann die Teigmasse einfüllen und die Macadamia-Nüsse und die Schokodrops darüber verteilen.

3. Bei 180 °C ca. 15 bis 20 Minuten backen. Danach auskühlen lassen und je nach Backform in kleine Quadrate oder Rechtecke schneiden.

ZITRONEN-TASSENKUCHEN

NÄHRWERTANGABEN

KH	5 g
EIWEISS	15 g
FETT	34 g
KALORIEN	404 kcal

PRO STÜCK

ZUTATEN

Für 1 Tassenkuchen

- 2 EL Mandelmehl
- 2 EL Mandelmilch
- 2 EL Erythrit
- 1 EL Kokosmehl
- 1 EL Butter
- 1 Ei (Gr. M)
- 1/2 Zitrone
- 1/4 TL Backpulver

ZUBEREITUNG

1. Die Butter in eine kleine Schüssel geben und in der Mikrowelle schmelzen lassen. Danach mit dem Erythrit vermengen. Mandelmilch, den Saft sowie den Abrieb der halben Zitrone hinzufügen und gut unterrühren. Danach die Masse mit dem Ei verquirlen.

2. Nun die trockenen Zutaten, also Mandelmehl, Kokosmehl und Backpulver miteinander vermischen, zu der Masse hinzugeben und alles gut vermengen.

3. Eine Tasse oder ein Soufflé-Förmchen leicht einfetten und den Teig einfüllen. Für ca. 2 bis 3 Minuten in der Mikrowelle bei 600 Watt backen.

CARROT CAKE PANCAKES

NÄHRWERTANGABEN

KH	4 g
EIWEISS	20 g
FETT	43 g
KALORIEN	502 kcal

PRO PORTION

ZUTATEN

Für 4 Personen

- 120 g Möhren, geraspelt
- 80 g Leinsamen, gemahlen
- 50 g Mandelmehl
- 50 g Erythrit
- 30 g Walnüsse, grob gehackt
- 5 EL Kokosöl
- 4 Eier (Gr. L)
- 2 EL Mandelmilch
- 1 TL Backpulver
- 1 TL Zimt
- Kokosöl zum Ausbacken

ZUBEREITUNG

1. In einer Schüssel das Mandelmehl, die Leinsamen, den Erythrit, das Backpulver und das Zimt verrühren.

2. In einer kleineren Schüssel die Eier kurz aufschlagen, danach zusammen mit dem Kokosöl und der Mandelmilch zu den trockenen Zutaten geben und alles gut vermengen. Zuletzt die Möhren und die Walnüsse unter den Teig heben.

3. Eine beschichtete Pfanne erhitzen. Etwas Kokosöl und pro Pancake ca. 3 bis 4 EL des Teiges hineingeben. Bei mittlerer Hitze so lange backen, bis die Ränder braun werden, dann vorsichtig wenden und die andere Seite ebenfalls goldbraun ausbacken. Den Vorgang so lange wiederholen, bis der Teig aufgebraucht ist.

4. Optional mit etwas gehackten Nüssen, Ahornsirup oder einem Frischkäse-Frosting servieren.

RHABARBER-JOGHURT-PARFAIT

NÄHRWERTANGABEN

KH	17 g
EIWEISS	12 g
FETT	28 g
KALORIEN	374 kcal

PRO PORTION

ZUTATEN

Für 4 Personen

- 600 g griechischer Joghurt
- 6 bis 8 Stangen Rhabarber (ca. 400 g)
- 300 ml Wasser
- 100 g Mandelblättchen
- 50 g Xylit
- 1 Vanilleschote
- 1/2 TL Johannisbrotkernmehl

ZUBEREITUNG

1. Den Rhabarber waschen, schälen und in 2 bis 3 cm lange Stücke schneiden. Zusammen mit Xylit und Wasser aufkochen. Sollte der Rhabarber sehr sauer sein, entsprechend nachsüßen.

2. Die Vanilleschote längs halbieren und das Mark mit einem Messer herauskratzen. Die Hälfte des Marks sowie die ausgekratzte Schote mit in den Topf geben und alles so lange bei milder Hitze köcheln lassen, bis der Rhabarber schön weich ist. Dann das Johannisbrotkernmehl gut einrühren bis die Masse etwas andickt. Danach vom Herd nehmen, die Vanilleschote herausfischen und abkühlen lassen.

3. Den griechischen Joghurt in einer Schüssel mit dem Rest des Vanillemarks glatt rühren. Die Mandelblättchen in einer beschichteten Pfanne ohne Fett etwas anrösten.

4. Abwechselnd den Joghurt und das Rhabarberkompott in schöne Gläser schichten und mit den gerösteten Mandeln toppen.

HONIGMELONE-SCHINKEN-HÄPPCHEN

NÄHRWERTANGABEN

KH	33 g
EIWEISS	22 g
FETT	4 g
KALORIEN	250 kcal

ZUTATEN

- 100 g Lachsschinken
- 300 g Honigmelone

ZUBEREITUNG

1. Schneide die Honigmelone in kleine viereckige Würfel

2. Anschließend umwickelst du diese mit Lachsschinken. Auf dem Bild ist zwar Parmaschinken zu sehen, jedoch empfehle ich vor allem Lachs- oder Nuss-Schinken. Denn diese sind sehr fett- und kalorienarm.

MAGERQUARK-JOGHURT

NÄHRWERTANGABEN

KH	33 g
EIWEISS	38 g
FETT	1 g
KALORIEN	300 kcal

ZUTATEN

- 250 g Magerquark
- 100 g Himbeeren
- 50 ml Milch
- 2 EL Honig

ZUBEREITUNG

Alle Zutaten werden in einer Schüssel zu einem Joghurt vermischt. Wer mag kann auch noch gerne Chia-Samen hinzufügen, um die Sättigung etwas zu erhöhen. Aber auch so ist der Magerquark-Joghurt schon sehr sättigend.

BEEREN-QUARK

NÄHRWERTANGABEN

KH	6,9 g
EIWEISS	15,5 g
FETT	12,0 g
KALORIEN	172 kcal

PRO 100 G

ZUTATEN

Für Vier Personen

- 200 Naturjogurt
- 200 Quark
- 150ml Sahne
- Mark einer Vanilleschote
- Puderzucker
- 50g Blaubeeren
- 50g Himbeeren
- 30g Pistazien
- 1 Limette

ZUBEREITUNG

Die Sahne in eine Schüssel geben und dort mit einem Rührgerät aufschlagen. Das Vanillemark zusammen mit Puderzucker, Naturjogurt und dem Quark in einer Schüssel gut verrühren. Dann die Pistazien mit einem Messer klein hacken und bei der Limette vorsichtig die Schale abreiben.

Zu der Quarkmischung dann die Schale der Limette und die aufgeschlagene Sahne geben und vorsichtig unterheben. Die entstandene Masse in Schalen verteilen und darauf die Beeren und die Pistazien verteilen und genießen!

QUARK-MUFFINS

NÄHRWERTANGABEN

KH	9,9 g
EIWEISS	16,5 g
FETT	6,0 g
KALORIEN	162 kcal

PRO 100 G

ZUTATEN

Für Zwei Personen

- 450g Magerquark
- 60 Haselnussmus
- 4 Eier
- 30g Kokosmehl
- 80g Eiweißpulver
- 2 Teelöffel Backpulver
- 130g Haferkleie
- 100g Puderzucker

ZUBEREITUNG

Das Backpulver, Eiweißpulver, Kokosmehl, und die Haferkleie in eine Schüssel geben und alles gut miteinander vermengen. Nacheinander Haselnussmus, Quark und Eier dazugeben und mit einem Rührgerät alles sehr gut vermischen.

Kleine Muffinförmchen mit dem Teig füllen und alles gleichmäßig aufteilen. Den Backofen auf 180 Grad vorheizen lassen und die Muffins anschließend in den Ofen packen und dort für 30-40 Minuten braun werden lassen. Den Puderzucker dann nach dem Abkühlen der Muffins in ein feines Sieb geben und darüber streuen und dann genießen!

SPINAT-TACOSHELLS

NÄHRWERTANGABEN

KH	2 g
EIWEISS	23 g
FETT	32 g
KALORIEN	390 kcal

PRO PORTION

ZUTATEN

Für 4 Personen

- 200 g Blattspinat
- 120 g Mandelmehl
- 120 g Emmentaler, gerieben
- 4 Eier (Gr. M)
- Salz & Pfeffer

ZUBEREITUNG

1. Den Spinat in kochendem und gesalzenem Wasser ca. 1 Minute blanchieren, herausnehmen und mit kaltem Wasser abschrecken. Danach gut abtropfen lassen, gegebenenfalls noch etwas trocken tupfen und fein hacken.

2. In einer Schüssel die Eier kurz luftig aufschlagen. Dann den Spinat, das Mandelmehl und den geriebenen Emmentaler hinzugeben und mit Salz und Pfeffer würzen.

3. Ein Backblech mit Backpapier auslegen und die Masse in 4 Kreisen darauf verteilen. Danach bei 200 °C für ca. 15 bis 20 Minuten backen. Ein Backofengitter an den Seiten leicht erhöhen (z.B. mit Tupperdosen) und die Tacos darauf "aufhängen", um sie in Form zu bringen.

4. Sobald die Tacos vollständig ausgekühlt sind, nach Belieben füllen, z.B. mit Eier- oder Avocadosalat.

131

Ein paar kurze Mini-Snacks mit weniger als 250 Kalorien pro Rezept

MOZZARELLA-GEMÜSE-SNACK

- 1 Packung Mozzarella (light)
- 100 Gramm Gurke
- 100 Gramm Cocktail-Tomaten
- Balsamico Essig

Schneide die Tomaten und die Gurke in kleine, mundgerechte Stücke. Das gleiche gilt für den Mozzarella. Anschließend wird alles zusammen mit etwas Balsamico-Essig auf dem Teller angerichtet.

OBSTSALAT

- 50 g Banane
- 100 g Apfel
- 50 g Erdbeeren
- 40 g Naturjoghurt
- 1 TL Honig

Die Früchte werden in kleine mundgerechte Stücke geschnitten. Anschließend werden diese mit dem Naturjoghurt und dem TL Honig in einer Schüssel zusammen vermischt.

SÄTTIGENDER BEEREN QUARK

- 200 g Magerquark
- 50 ml Milch (0,3%)
- 50 g Himbeeren (oder andere Beeren-Sorten)
- 1 TL Honig
- 1 TL Chia-Samen

Alle Zutaten werden in einer großen Schüssel miteinander verrührt. Anschließend ist der Quark servierfertig.

WEINTRAUBEN-SNACK

- 250 Gramm Weintrauben

Weintrauben sind der ideale & kalorienarme Snack für zwischendurch.

TOMATEN-SUPPE

- 250 g passierte Tomaten
- 1/2 Zwiebel
- 1 Knoblauchzehe
- 150 ml Gemüsebrühe
- Salz & Pfeffer
- 1 EL Tomatenmark
- Kräuter nach Wahl (z.B. Petersilie, Oregano usw.)
- 1 EL Olivenöl

Zuerst werden Knoblauch und Zwiebeln in kleine Stücke geschnitten und in etwas Öl angebraten. Danach werden passierte Tomaten sowie Gemüsebrühe und Tomatenmark hinzugegeben.

Unter ständigem Rühren und Erhitzen wird dann die Suppe mit etwas Salz & Pfeffer sowie weiteren Kräutern nach Wahl abgestimmt.

PAPRIKA GEFÜLLT MIT HÜTTENKÄSE

- 2 Paprikas (rot und gelb z.B.)
- 400 Gramm Hüttenkäse
- Salz & Pfeffer
- etwas Dill

Paprikas halbieren, waschen und entkernen. Der Dill wird ebenfalls gewaschen und kleingehackt. Der Hüttenkäse sowie alle weiteren Zutaten werden in einer Schüssel miteinander vermischt und abgeschmeckt.

Anschließend wird die Käse-Mischung in die Paprika-Hälften verteilt und serviert.

BEEREN-SHAKE

- 200 ml Wasser
- 100 g Naturjoghurt
- 100 g Beerenmischung
- 1 TL Honig

Wasser und Joghurt zusammen mit den Früchten in den Mixer geben und gut durchmixen.

Anschließend mit etwas Honig abschmecken und servieren.

GEMÜSE-STICKS MIT DIPS

- 100 g Gurke
- 100 g Cherrytomaten
- 100 g Karotten
- 6 Radieschen

Für den Dip:

- 100 g Naturjoghurt
- Dill
- Saft einer halben Zitrone
- Salz & Pfeffer

Die Gurke und die Karotten werden in lange, dünne Streifen geschnitten. Die Tomaten und Radieschen werden noch mal in der Hälfte geteilt. Dann den Dip in einer kleinen Schüssel zubereiten und dann alles miteinander. vermengen.

GEBRATENE CHAMPIGNONS

- 300 g Champignons
- Oregano
- 1 Knoblauchzehe
- 1 Zwiebel
- 6 Stängel Petersilie
- 2 Zweige Tyhmian
- Salz & Pfeffer
- 1 EL Olivenöl

Champignons putzen und anschließend in kleine, mundgerechte Stücke schneiden. Danach kann man die Kräuter zupfen und fein hacken.

Zwiebel und Knoblauch werden kleingeschnitten und in einer Pfanne mit Olivenöl angebraten. Anschließend gibt man die Kräuter und die Pilze hinzu und vermischt diese gut miteinander.

Unter ständigem Erhitzen wird die Pilz-Pfanne noch mit Salz & Pfeffer abgestimmt.

GRÜNKOHL-PFANNE

- 250 g Grünkohl
- 100 ml Gemüse-Fond
- 1 Knoblauch-Zehe
- 1 Zwiebel
- 1 EL Olivenöl
- Salz & Pfeffer

Grünkohl putzen, waschen und kleinschneiden. Zwiebel und Knoblauch kleinschneiden und in einer Pfanne erhitzen.

Grünkohl dazugeben und etwas andünsten. Nun den Gemüsefond hinzugießen und das ganze aufkkochen lassen.

Den Grünkohl für ca. 15 bis 20 Minuten schmoren lassen und am Ende noch mal gut durchrühren und mit Salz & Pfeffer abstimmen.

BROKKOLI-SUPPE

- 1/2 großer Brokkoli in Röschen
- 1 Zwiebeln, kleingeschnitten
- 200 ml Gemüsebrühe
- 50 ml Sahne (light)
- Salz & Pfeffer
- Petersilie oder Basilikum

Schneide die Zwiebeln klein und brate diese in der Pfanne an. Nun werden die Brokkoliröschen hinzugegeben sowie die Gemüsebrühe und die Sahne.

Anschließend püriert man die Röschen mithilfe eines Stabmixers. Die Suppe kann dann unter ständigem Erhitzen und Rühren mit Salz & Pfeffer sowie weiteren Kräutern abgestimmt werden.

ZUCCHINI-CREME-SUPPE

- 250 g Zucchini
- 200 ml Gemüse-Fond
- 50 ml Sahne (light)
- 1 Knoblauchzehe
- 1 Zwiebel
- 1 Zitrone
- 1 EL Olivenöl
- Salz & Pfeffer

Zwiebel und Knoblauch wird kleingeschnitten und in etwas Öl angebraten. Anschließend gibt man die geschnittene Zucchini sowie 200 ml Gemüse-Fond hinzu.

Des weiteren wird die Sahne und der Saft von 1 Zitrone hinzugefügt. Und ständigem Rühren und Erhitzen wird die Suppe weiterhin mit Salz & Pfeffer abgestimmt.

Zusätzlich wird die Suppe mit einem Pürierstab / Stabmixer verfeinert.

POPCORN

- 40 g Popcorn-Mais
- 2 EL Öl
- 2 TL Salz

Popcorn sind zwar alles andere als Low Carb aber wie bereits erwähnt gehören Kohlenhydrate in Maßen auch zu einem gesunden Ernährungsstil. Warum der Snack überhaupt aufgelistet ist? Popcorn sind sehr kalorienarm und sind die ideale Alternative zu Chips oder sonstigen Snacks, die sehr fettig und kalorienreich sind!

Zubereitung: Mische den Mais mit dem Salz in einer Schüssel.

Nimm einen großen Topf / Pfanne mit Deckel (wichtig!) und stell eine hohe Hitze-Stufe ein. Füge das Öl und die Mais-Mischung hinzu und schließe die Pfanne / den Topf mit dem Deckel. Sobald es anfängt zu poppen, stelle den Herd aus. Warte nun bis es aufhört zu knallen und fülle die Popcorn sofort in ein großes Gefäß oder Schüssel um, da sie sonst verbrennen werden.

KICHERERBSEN

- 250 g Kichererbsen (abgetropft)
- Salz & Pfeffer
- Weitere Gewürze nach Belieben

Nimm ein großes Bachblech und lege hier Backpapier aus. Lass die Kichererbsen abtropfen und vermenge diese in einer Schüssel mit Salz & Pfeffer sowie weiteren Gewürzen nach Wahl wie z.B. Chilli-Pulver.

Anschließend gibst du die Kichererbsen auf das Backblech und backst diese für ca. 25 bis 40 Minuten bei ca. 170 Grad, bis diese knusprig sind. Die ideale und gesunde Alternative zu Chips!

„VOLUMEN"-SALAT

- 200g Feldsalat
- 100g Cherrytomaten
- 200g Salatgurke
- 100g Paprika

Aufgrund des hohen Volumens / der großen Masse, ist dieser Salat sehr sättigend aber vor allem kalorienarm zugleich. Der riesige Salat hat gerade mal ca. 100 Kalorien.

Wem das ein wenig zu trocken ist, der kann mit etwas Dressing nachhelfen. Dieses sollte aber natürlich sehr leicht sein und nicht zu fettig.

Low Carb Salate

HÄHNCHENBRUSTFILET MIT SALAT

NÄHRWERTANGABEN

KH	8,9 g
EIWEISS	36,5 g
FETT	16,0 g
KALORIEN	340 kcal

PRO 100 G

ZUTATEN

Für Zwei Personen

- 350g Hähnchenbrustfilet
- Salat
- Gurke
- 2 Tomaten
- Paprika (jeweils eine halbe rote, gelbe und grüne Paprika)
- 6 Radieschen
- Petersilie
- Chiliflocken
- 3 Esslöffel Kokosöl
- 1 Karotte
- Mozzarellakugeln
- Salz und Pfeffer

ZUBEREITUNG

Den Salat in kleinere Stücke zupfen und klein schneiden. Die Gurke in ganz feine Scheiben schneiden. Die halben Paprikas nehmen und das Innere entfernen. Große Ringe am Rand der Paprikas abschneiden. Die Karotte zunächst schälen und dann in dünne Scheiben schneiden. Bei den Radieschen ebenfalls so verfahren und die Tomaten zunächst halbieren und dann vierteln. Alle zerschnittenen Zutaten in eine Schüssel geben und dort mit Salz und Pfeffer nach Belieben verfeinern und alles mehrfach gut verrühren.

Die Hähnchenbrust in fingerdicke Streifen schneiden und ebenfalls nach Belieben würzen. Das Kokosöl in der Pfanne erhitzen und die Hähnchenstreifen bei mittlerer Hitze anbraten lassen. Dies von beiden Seiten machen und dann mit Chiliflocken von beiden Seiten bestreuen und weiter garen lassen in der Pfanne. Den fertigen Salat schon auf den Tellern servieren und die Hähnchenstreifen darauf vermischen und zusammen mit dem Mozzarellakugeln servieren, diese dann mit Salz und Pfeffer verfeinern.

GRIECHISCHER SALAT

NÄHRWERTANGABEN

KH	5 g
EIWEISS	14 g
FETT	17 g
KALORIEN	250 kcal

PRO PERSON

ZUTATEN

- eine Portion grüne Oliven (ohne Stein)
- 2 Tomaten
- 100 Gramm Feta-Käse-Light
- ½ Salatgurke
- Eine Brise Salz & Pfeffer
- 1 EL Olivenöl
- 1 EL Weinessig
- 4 EL Gemüsebrühe

ZUBEREITUNG

1. Schneide das Gemüse (Gurke & Tomate) einfach in kleine Würfel. Anschließend schneidest du auch den Feta-Käse in kleine Würfel. All das wird in einen geeigneten Behälter gegeben und mit den Oliven ergänzt.

Das Dressing besteht aus Olivenöl, Weißweinessig, Salz & Pfeffer sowie der Gemüsebrühe. Diese Zutaten kannst du einfach unter den Salat rühren!

AVOCADO-BOHNEN SALAT

NÄHRWERTANGABEN

KH	45 g
EIWEISS	22 g
FETT	12 g
KALORIEN	435 kcal

PRO PORTION

ZUTATEN

Für 2 Personen

- 100 Gramm weiße Bohnen
- 100 Gramm Kidney-Bohnen
- ½ Avocado
- 1 Apfel
- Eine Brise Salz & Pfeffer
- 1 EL Olivenöl
- 1 EL Weißweinessig
- 4 EL Gemüsebrühe
- 2 Hände Rucola

ZUBEREITUNG

1. Olivenöl, Weißweinessig, Gemüsebrühe sowie Salz & Pfeffer werden zu einem Dressing angerührt. In einer Schüssel werden weiße Bohnen, Kidney-Bohnen, der Apfel und die Avocado zusammen gemischt.

Die Avocado und der Apfel werden einfach ein kleine Würfel geschnitten. Anschließend vermischt man alles mit dem Dressing.

CAESAR SALAD MIT HÄHNCHENSTREIFEN

NÄHRWERTANGABEN

KH	4 g
EIWEISS	40 g
FETT	19 g
KALORIEN	360 kcal

ZUTATEN

- 1 Kopfsalat
- 200 g Hähnchenbrust
- 30 g EL gehobelter Parmesan
- 2 Knoblauchzehen
- etwas Salz & Pfeffer
- 1 EL Senf (mittelscharf)
- 30 g Miracle Whip (Light)
- 1 EL Olivenöl

ZUBEREITUNG

1. Eier hart kochen und Tomaten in mundgerechte Stücke schneiden

2. Salat ebenfalls zerkleinern und mit Thunfisch, dem Ei sowie den Tomaten vermischen

3. Zutaten für das Dressing zusammenmischen und mit dem Salat zusammen anrichten bzw. vermengen

THUNFISCH MIT EI SALAT

NÄHRWERTANGABEN

KH	4 g
EIWEISS	40 g
FETT	19 g
KALORIEN	360 kcal

ZUTATEN

- 100 g Thunfisch (aus der Dose - ohne Öl)
- 1 Kopfsalat
- 2 Eier
- 2 Tomaten

Für Das Dressing

- Salz & Pfeffer
- 1 EL Olivenöl
- 2 EL Weißweinessig
- Saft von 1 Zitrone oder Limette

ZUBEREITUNG

1. Eier hart kochen und Tomaten in mundgerechte Stücke schneiden

2. Salat ebenfalls zerkleinern und mit Thunfisch, dem Ei sowie den Tomaten vermischen

3. Zutaten für das Dressing zusammenmischen und mit dem Salat zusammen anrichten bzw. vermengen

AVOCADO-EI-SALAT

NÄHRWERTANGABEN

KH	5 g
EIWEISS	19 g
FETT	60 g
KALORIEN	637 kcal

PRO PORTION

ZUTATEN

Für 4 Personen

- 4 Avocados
- 8 Eier
- 4 Frühlingszwiebeln
- 4 EL Crème fraîche
- 4 EL Naturjoghurt
- 2 TL Senf
- 1 Zitrone, davon der Saft
- 1/2 Bund frische Petersilie
- Salz & Pfeffer

ZUBEREITUNG

1. Die Eier hart kochen, mit kaltem Wasser abschrecken und etwas abkühlen lassen. Danach schälen, in kleine Würfel schneiden und in eine Schüssel geben.

2. Die Avocados längs halbieren und die Kerne entfernen. Danach mit einem Esslöffel aus der Schale heben und ebenfalls in kleine Würfel schneiden. Mit dem Zitronensaft beträufeln und zu den Eiern geben.

3. Die Frühlingszwiebeln waschen, in kleine Ringe schneiden und ebenfalls in die Schüssel geben.

4. Crème fraîche, Naturjoghurt und Senf glatt rühren und nach Belieben mit Salz und Pfeffer würzen. Die Petersilie fein hacken und dazu geben.

5. Das Dressing über dem Salat verteilen und gut vermengen. Vor dem Servieren ca. 30 Minuten durchziehen lassen.

HÜTTENKÄSE-TOMATEN-SALAT

NÄHRWERTANGABEN

KH	9 g
EIWEISS	17 g
FETT	6 g
KALORIEN	160 kcal

ZUTATEN

Für Vier Personen

- 150 g Hüttenkäse
- Basilikum
- Salz & Pfeffer
- 100 g Cherry-Tomaten

ZUBEREITUNG

1. Wasche die Tomaten und schneide diese in kleine, mundgerechte Stücke

2. Mische die Tomaten mit dem Hüttenkäse in einer Schüssel zusammen und gib etwas geschnittenen Basilikum und Salz & Pfeffer dazu

GURKEN-OBST-SALAT

NÄHRWERTANGABEN

KH	24 g
EIWEISS	8 g
FETT	3 g
KALORIEN	150 kcal

ZUTATEN

Für Vier Personen

- 50 g Hüttenkäse
- 1/2 Gurke
- 1 Apfel
- 1/2 Zitrone
- etwas Salz & Pfeffer
- optional Kräuter nach Bedarf

ZUBEREITUNG

1. Im Idealfall hast du einen Spiralschneider zu Hause, durch welchen du die Gurke jagen kannst. Ansonsten kannst du die Gurke auch in sehr dünne Streifen und Würfel schneiden.

2. Der Apfel wird ebenfalls in sehr kleine und mundgerechte Stücke geschnitten

3. Mit dem Saft der Zitrone sowie Salz & Pfeffer fertigst du ein leichtes Dressing an

4. Die Zutaten werden anschließend samt Dressing und Hüttenkäse zu einem leichten Salat verarbeitet

TOMATE-MOZZARELLA-SALAT

NÄHRWERTANGABEN

KH	6 g
EIWEISS	15 g
FETT	32 g
KALORIEN	380 kcal

ZUTATEN

- Balsamico Essig
- etwas Rucola
- 100 g Mozzarella (light)
- 2 Tomaten
- 1 EL Olivenöl

ZUBEREITUNG

1. Schneide den Mozzarella in kleine, mundgerechte Würfel oder dünne Scheiben

2. Auch die Tomaten werden kleingeschnitten

3. Anschließend wird der Rucola Salat mit den Tomaten, dem Mozzarella und dem Olivenöl sowie Balsamico-Essig angerichtet

WALNUSS-MANDEL SALAT

NÄHRWERTANGABEN

KH	10,0 g
EIWEISS	9,3 g
FETT	34,5 g
KALORIEN	408 kcal

PRO 100 G

ZUTATEN

Für Zwei Personen

- 7 Radieschen
- 6 Walnüsse
- 8 Mandeln
- 80g getrocknete Tomaten
- 350g Salat
- Limette
- 5 Esslöffel Olivenöl
- Süßstoff
- Pfeffer und Salz

ZUBEREITUNG

Die Radieschen und die Tomaten in kleine Stücke zerschneiden und den Salat in kleinere Stücke zerreißen. Die Walnüsse fein zerhacken. Bei der Limette die Schale entfernen und anschließend halbieren und dann auspressen.

Die Schale fein zerreiben und anschließend zusammen mit dem Limettensaft in eine Schüssel geben und sehr gut vermischen und dann als Dressing für den Salat verwenden.

Low Carb Shake & Smoothies

JOHANNISBEER-FRAPPÉ

NÄHRWERTANGABEN

KH	12 g
EIWEISS	7 g
FETT	18 g
KALORIEN	248 kcal

PRO PORTION

ZUTATEN

Für 4 Personen

- 400 g Johannisbeeren
- 500 ml Buttermilch
- 120 ml Sahne
- 50 g Kokosflocken
- Steviadrops (optional)

ZUBEREITUNG

1. Die Johannisbeeren waschen, 4 Reben für die Deko beiseite legen und den Rest der Beeren von den Reben befreien.

2. 4 TL der Kokosflocken ebenfalls für die Deko beiseite legen, den Rest mit den Johannisbeeren, der Buttermilch und der Sahne in einen Mixer geben und alles fein pürieren. Je nach Süße der Johannisbeeren kann an dieser Stelle noch nachgesüßt werden.

3. Das Frappé in Gläser gießen und mit den Johannisbeeren und den übrigen Kokosflocken garnieren.

GRÜNER SMOOTHIE

NÄHRWERTANGABEN

KH	6 g
EIWEISS	2 g
FETT	9 g
KALORIEN	114 kcal

PRO KL. PORTION

ZUTATEN

2 große oder 4 kleine Portionen

- 100 g Spinat
- 1 Apfel
- 1/2 Salatgurke
- 1 Avocado
- 1 Limette, davon der Saft
- 500 ml Wasser
- Steviadrops (optional)

ZUBEREITUNG

1. Den Spinat waschen und abtropfen lassen, den Apfel und die Salatgurke waschen, schälen und in grobe Stücke schneiden. Die Avocado von Schale und Kern befreien und ebenfalls in grobe Stücke schneiden. Alles in einen Mixer geben.

2. Den Saft der Limette und etwas Wasser hinzugeben und alles pürieren. Nach und nach so viel Wasser hinzufügen, bis die gewünschte Konsistenz erreicht ist. Nach Belieben mit Steviadrops süßen.

3. In schöne Gläser gießen und mit je einer Limettenscheibe garnieren.

KAFFEE FRAPPÉ

NÄHRWERTANGABEN

KH	2 g
EIWEISS	2 g
FETT	18 g
KALORIEN	181 kcal

PRO PORTION

ZUTATEN

Für 4 Personen

- starker Kaffee
- 800 ml Mandelmilch
- 200 ml Sahne
- 4 EL Erythrit

ZUBEREITUNG

1. Zunächst einige Kaffee-Eiswürfel herstellen. Dafür den Kaffee etwas stärker kochen als gewohnt, abkühlen lassen, in Eiswürfelformen geben und für mindestens 2 bis 3 Stunden ins Gefrierfach stellen.

2. Für vier Portionen ca. 20 bis 25 Eiswürfel in einen Mixer geben und zu grobem Crushed Ice verarbeiten. Danach die Mandelmilch, die Sahne und den Erythrit hinzugeben und alles so lange cremig mixen, bis die gewünschte Konsistenz erreicht ist.

3. In schönen Gläsern anrichten und servieren.

STRAWBERRY CHEESECAKE SHAKE

NÄHRWERTANGABEN

KH	8 g
EIWEISS	3 g
FETT	12 g
KALORIEN	154 kcal

PRO PORTION

ZUTATEN

Für 4 Personen

- 400 g Erdbeeren
- 100 g Frischkäse
- 700 ml Mandelmilch
- 50 ml Sahne
- 1 Vanilleschote
- Steviadrops

ZUBEREITUNG

1. Die Erdbeeren zunächst waschen, vier besonders schöne Exemplare für die Deko beiseite legen, den Rest putzen und grob zerteilen. Die Vanilleschote längs aufschneiden und das Mark mit einem Messer heraus schaben.

2. Danach die Erdbeeren, den Frischkäse, die Sahne und das Vanillemark in einen leistungsstarken Mixer geben und pürieren. Nach und nach nur so viel von der Mandelmilch hinzugeben, bis die gewünschte Konsistenz erreicht ist. Je nach Süße der Erdbeeren entsprechend mit den Steviadrops süßen.

3. Den Shake in schöne Gläser gießen und je mit einer frischen Erdbeere garnieren.

SCHOKO-ERDNUSS-MILCHSHAKE

NÄHRWERTANGABEN

KH	7 g
EIWEISS	10 g
FETT	45 g
KALORIEN	477 kcal

PRO PORTION

ZUTATEN

Für 4 Personen

- 800 ml Kokosmilch
- 400 ml Mandelmilch
- 4 EL Backkakao
- 4 EL Erdnussmus
- Steviadrops

ZUBEREITUNG

1. Die Kokosmilch, Mandelmilch, den Backkakao und das Erdnussmus in einen Mixer geben und so lange mixen, bis ein glatter Shake entsteht. Nach Geschmack mit den Steviadrops süßen.

2. In schöne Gläsern gießen und eiskalt servieren.

LILA BEERENSMOOTHIE

NÄHRWERTANGABEN

KH	11 g
EIWEISS	6 g
FETT	22 g
KALORIEN	274 kcal

PRO PORTION

ZUTATEN

Für 4 Personen

- 600 ml Mandelmilch
- 400 ml Kokosmilch
- 200 g Spinat
- 200 g Blaubeeren
- 150 g Brombeeren
- 2 EL Chiasamen
- Steviadrops (optional)

ZUBEREITUNG

1. Den Spinat und die Beeren gründlich waschen und leicht trocken tupfen.

2. Alle Zutaten in einen Mixer geben und fein pürieren. Nach Belieben etwas mehr Mandelmilch hinzugeben, um die Konsistenz anzupassen. Je nach Süße der Früchte kann beliebig mit Steviadrops nachgesüßt werden.

3. In schöne Gläser gießen und eiskalt servieren.

MATCHA-SHAKE

NÄHRWERTANGABEN

KH	8 g
EIWEISS	5 g
FETT	9 g
KALORIEN	128 kcal

PRO PORTION

Für 2 Personen

- 400 ml Mandelmilch
- 2 EL griechischer Joghurt
- 2 EL Chiasamen
- 2 TL Matcha-Pulver
- 1/2 TL Limettensaft
- Steviadrops

1. Den griechischen Joghurt, die Chiasamen, das Matchapulver, den Limettensaft und Steviadrops in einen Mixer geben. Nach und nach nur so viel Mandelmilch hinzufügen, bis die gewünschte Konsistenz erreicht wurde und bei Bedarf nach süßen.

2. In schöne Gläser gießen, mit je einer Limettenscheibe garnieren und eiskalt servieren.

GRÜNER SMOOTHIE

NÄHRWERTANGABEN

KH	8,5 g
EIWEISS	4,3 g
FETT	12,5 g
KALORIEN	155 kcal

PRO 100 G

ZUTATEN

Für Zwei Personen

- 2 Esslöffel Naturjogurt
- Halbe Avocado
- 100g Spinat
- Halbe Banane
- Ingwer
- 2 Teelöffel Anhornsirup oder Süßstoff
- Wasser

ZUBEREITUNG

1. Den Spinat in etwas kleinere Stücke zupfen, den Ingwer mithilfe einer Reibe klein reiben. Die Avocado auseinandernehmen und den Inhalt mit einem Löffel herausnehmen. Alle Zutaten zusammen in eine Schüssel geben und mit einem Handmixgerät durchrühren. Mit Wasser soweit auffüllen, bis die gewünschte Konsistenz des Smoothies erreicht wurde.

GRÜNER-INGWER-SMOOTHIE

NÄHRWERTANGABEN

KH	9 g
EIWEISS	3 g
FETT	3 g
KALORIEN	160 kcal

ZUTATEN

Für Vier Personen

- 50 g Spinat 2 TL
- 2 EL Soja Joghurt
- 1 TL geriebenen Ingwer
- ½ Banane
- ½ Avocado
- 2 TL Ahornsirup oder Honig
- Wasser nach Bedarf / Menge des Smoothies

ZUBEREITUNG

1. Spinat abspülen und verlesen

2. Ingwer reiben

3. Avocado halbieren und Fruchtfleisch herauslöffeln und zusammen mit den anderen Zutaten in einen Standmixer geben

4. Alles kurz durchmixen und nach und nach mit Wasser auffüllen bis die gewünschte Konsistenz erreicht ist

HIMBEER-BUTTERMILCH-SMOOTHIE

NÄHRWERTANGABEN

KH	33 g
EIWEISS	23 g
FETT	3 g
KALORIEN	250 kcal

ZUTATEN

Für Vier Personen

- 200 ml Buttermilch
- 200 ml Wasser
- 100 g Himbeeren
- Saft einer halben Zitrone
- etwas geriebener Ingwer
- 2 EL Agavendicksaft oder Honig
- 2 Stängel frische Minze
- 100 g Magerquark

ZUBEREITUNG

1. Himbeeren waschen

2. Buttermilch, Himbeeren, Magerquark, Zitronensaft und Agavendicksaft in den Mixer

3. Ingwer schälen und fein reiben und in den Mixer geben

4. Mit Wasser auffüllen und durchmixen

BLAUBEER-MELONEN-SMOOTHIE

NÄHRWERTANGABEN

KH	4,9 g
EIWEISS	1,5 g
FETT	8,0 g
KALORIEN	110 kcal

PRO 100 G

ZUTATEN

Für Drei Personen

- 100g Blaubeeren
- 50g Wassermelone
- 100ml Kokosmilch
- 1 Esslöffel Kokosöl
- Wasser

ZUBEREITUNG

Die Melone von der Schale trennen und in kleinere Stücke schneiden. Danach zusammen mit den Blaubeeren in einen Mixer geben und leicht umrühren.

Währenddessen dann Wasser, Kokosmilch und das Kokosöl dazu gießen (dieses evtl. vorher etwas erwärmen). So lange umrühren bzw. mixen lassen, bis keine Klumpen mehr zu sehen sind und er schön schaumig wird. Dann in einem großen Glas servieren und genießen!

NO Carb Rezepte

Rezepte mit weniger als 5 g Kohlenhydrate insgesamt

ZUCCINIAUFLAUF MIT COTTAGE CHEESE

NÄHRWERTE PRO PORTION

KCAL:	226 kcal
EIWEIß:	4,6 g
KOHLENHYDRATE:	3,4 g
FETT:	2,3 g

ZUTATEN FÜR 2 PORTIONEN:

- 600 g Zucchini
- 100 g Karotten
- 1 Stk. Zwiebel
- 250 g Hüttenkäse
- 1 Stk. Ei
- 1 Prise Knoblauch getrocknet
- 1,5 EL Parmesan gerieben
- 3 EL Milch
- 4 Scheiben Toastschinken
- 1 EL Petersilie gehackt
- Mediterrane Gewürze je nach Wunsch

ZUBEREITUNG

Karotten und Zucchini waschen und danach in kleinen Scheiben schneiden. Zwiebeln schälen und in kleine Würfel schneiden. Anschließend das Gemüse in einer Auflaufform vermischen und mit Knoblauch, Gewürzen, Salz und Pfeffer abschmecken.

Die beiden Käsesorten mit dem Ei verrühren, leicht pfeffern und salzen. Die Milch dazugeben, wie auch den Schinken. Anschließend die Mischung zu dem Gemüse geben. In einem vorgeheizten Ofen bei 200 Grad ungefähr 1 Stunde goldbraun backen.

SCHNITZELRÖLLCHEN AUF SPANISCHE ART

NÄHRWERTE PRO PORTION

KALORIEN:	455 kcal
EIWEIß:	55 g
FETT:	24 g
KOHLENHYDRATE:	4 g

ZUTATEN FÜR 2 PORTIONEN:

- 400 g große Champignons
- 2 Knoblauchzehen
- 1 rote Chilischote
- 2 EL Olivenöl
- 75 g Manchego
- 30 g Chorizo
- 4 dünne Kalbsschnitzel (à ca. 75 g)
- Salz und Pfeffer
- 2 EL gehackte Petersilie
- Abgeriebene Schale von 1 Bio-Zitrone
- 1-2 TL Zitronensaft

ZUBEREITUNG

Backofen auf 180 Grad vorheizen.

Pilze putzen (nicht waschen), danach von den Stielen befreien und mit der Hutunterseite nach oben gerichtet in eine ofenfeste Form geben. Knoblauch schälen und dünn schneiden.

Den Chili längs schneiden, entkernen, wachen und ebenfalls dünn schneiden. Danach beides mit 1 EL Olivenöl mischen. Die Mischung danach langsam in die Pilze träufeln. In der Mitte des Ofens ungefähr 25 Minuten garen. Mit einem Sparschäler inzwischen den Manchego in sehr feine Späne hobeln. Chorizo pellen, halbieren und in feine Scheiben hacken.

Das Schnitzel zwischen einer Frischhaltefolie flach klopfen, pfeffern und salzen. Erst Chorizo, danach Käse auf dem oberen Drittel des Schnitzels verteilen. Das Fleisch auf der Seite einschlagen, aufrollen und mit Holzspießen fixieren. Das restliche Olivenöl erhitzen und die Röllchen darin ungefähr 10 Minuten braun braten.

Die fertigen Ofen-Pilze mit der Hutunterseite auf das Teller geben. Die Zitronenschale mit der Petersilie mischen und in die Pilze geben. Die Pilze anschließend mit Pfeffer und Salz würzen und mit einem Spritzer Zitronensaft beträufeln. Die Schnitzelröllchen können jetzt mit den Pilzen angerichtet werden.

GEGRILLTE HÄHNCHENSPIESSE MIT SALSA VERDE

NÄHRWERTE PRO PORTION

KALORIEN:	341 kcal
EIWEISS:	26 g
FETT:	26 g
KOHLENHYDRATE:	4 g

ZUTATEN FÜR 2 PORTIONEN:

Für die Spieße

- 600 g Hähnchenbrustfilet
- 20 Cherrytomaten
- 2 Baby Zucchini
- Paprika rosenscharf
- Meersalz
- Pfeffer

Für die Salsa Verde

- 2 Sardellenfilets
- 1 grüne Chilischote
- 2 Knoblauchzehen
- 80 ml Olivenöl
- ½ Bund Petersilie
- ½ Bund Basilikum
- ½ Bund Koriander
- 3 EL Kapern
- 3 EL frischen Zitronensaft
- Meersalz
- Pfeffer

ZUBEREITUNG

Hähnchenbrustfilet waschen, danach trocknen und in etwa 2 cm große Würfel hacken. Zucchini und Tomaten waschen, abtropfen lassen. Danach die Zucchini in kleine Scheiben schneiden.

Hähnchenwürfel, Zucchini und Tomaten nacheinander auf die Spieße stecken. Hähnchenspieße mit Paprika, Salz und Pfeffer würzen. Spieße auf einen heißen Grill geben und von allen Seiten gut grillen.

Chilischote entkernen und danach in kleine Stücke schneiden. Anschließend den Knoblauch schälen. Basilikum, Koiander und Petersilie waschen und trocknen lassen. Alle Blätter sorgfältig vom Stiel zupfen.

Kapern, Sardellen Sardellen, Kräuter und alle anderen Zutaten für die Salsa Verde in den Mixbecher geben und gut pürieren. Salsa Verde mit Salz und Pfeffer würzen und abschmecken. Dann zusammen mit den gegrillten Hähnchenspießen zubereiten und servieren.

GARNELEN SPIEßE MIT KURKUMA

NÄHRWERTE PRO PORTION

KALORIEN:	454 kcal
EIWEIß:	17.5 g
FETT:	40.9 g
KOHLENHYDRATE:	1.5 g

ZUTATEN FÜR 2 PORTIONEN:

- 8 Bio Garnelen
- 8 EL Kokosöl
- 1 Knoblauchzehe
- 1 cm Ingwer
- ½ Bio Zitrone
- ½ TL Kurkuma
- Meersalz
- Pfeffer

ZUBEREITUNG

Garnelen von der Schale lösen. Die Schalen auf die Seite legen. Ingwer und Knoblauch schälen und klein schneiden. Zitrone mit heißem Wasser abspülen und abreiben. Die Zitrone halbieren und eine Hälfte davon auspressen.

Knoblauch, Ingwer, Kurkuma, 6 EL Kokosöl, Zitronensaft und Zesten in einer Schüssel zu einer Marinade verrühren. Garnelen in die Marinade geben und wenden. Anschließend für mehrere Minuten ziehen lassen. Garnelenschalen zusammen mit 2 EL Kokosöl in eine Pfanne geben und gut anbraten. Garnelen und restliche Marinade ebenfalls in die Pfanne geben.
Die Garnelen von allen Seiten ungefähr 1 Minute braten. Garnelen aus der Pfanne nehmen. Anschießend auf die Spieße stecken. Garnelen Spieße würzen und servieren.

GERÄUCHERTER LACHS MIT ZITRONE

NÄHRWERTE PRO PORTION

EIWEISS:	24.0 g
FETT:	13.1 g
KOHLENHYDRATE:	0.2 g

ZUTATEN FÜR 4 PORTIONEN:

- 500 g Räucherlachs, Wildfang
- 1 Bio Zitrone
- 2 - 3 Stiele Petersilie

ZUBEREITUNG

Zitrone waschen, trocknen und anschließend halbieren. Eine Hälfte auspressen und die andere in feine Schiffchen schneiden. Lachsscheiben langsam voneinander trennen, nacheinander einrollen und auf das Teller geben.

Petersilie waschen, trocken und vom Stiel zupfen. Zitronensaft langsam über den Lachs träufeln. Zitronenschiffchen, Petersilie und Salz zum Lachs geben und man kann die Teller servieren.

GRÜNER SPARGEL MIT LACHSFILET UND DILLBUTTER

NÄHRWERTE PRO PORTION

KALORIEN:	565 kcal
EIWEIß:	27.3 g
FETT:	49.1 g
KOHLENHYDRATE:	4.3 g

ZUTATEN FÜR 2 PORTIONEN:

- 2 Lachsfilet mit Haut vom Fischer á 250 g
- 400 g grüner Spargel
- 2 Bio Zitronen
- 3 EL Butter
- 2 EL Olivenöl
- 3 - 4 Stängel Dill
- Pfeffer
- Meersalz

ZUBEREITUNG

Grünen Spargel gründlich waschen und das Ende abschneiden. Man kann das untere bei Bedarf schälen. Den Dill waschen und anschließend abtropfen lassen. Lachsfilets waschen und dann mit einem Tuch trockentupfen. Zitrone warm abspülen, danach trocknen und in feinen Schreiben schneiden.

Für den Spargel 1 EL Butter und 3 EL Öl in einer Pfanne erhitzen. Danach die Stangen darin für einige Minuten braten. Die Stangen mehrmals drehen, damit sie von allen Seiten gut gebraten werden.

In einer anderen Pfanne 2 EL Butter und 1 EL Öl schmelzen und den Lachs auf seiner Seite ohne Haut etwa zwei Minuten braten. Die Filets danach wenden und auf der Hautseite weiter braten. Die flüssige Öl-Butter-Mischung immer wieder mit einem Löffel über das Filet geben.

OMELETTE ALA MARGHERITA

NÄHRWERTE PRO PORTION

KCAL:	403 kcal
EIWEIß:	31.3 g
FETT:	27.2 g
KOHLENHYDRATE:	3.6 g

ZUTATEN FÜR 2 PORTIONEN:

- 3 Eier
- 50 g Parmesan
- 2 EL Sahne
- 1 EL Olivenöl
- 1 TL Oregano, gerebelt
- Muskat
- Meersalz (Fleur de sel)
- Pfeffer
- Für den Belag
- 1 Tomate
- 100 g Mozzarella, gerieben
- 3 - 4 Stängel Basilikum

ZUBEREITUNG

Sahne und Eier in einer Schüssel verrühren. Muskat, geriebenen Parmesan, Oregano, Pfeffer und Salz hinzugeben und mit einem Schneebesen noch einmal durchrühren. Öl in der Pfanne erhitzen. Anschließend 50% der Ei-Mischung hineingießen.

Das Omelette bei mittlerer Hitze etwas stocken lassen, danach wenden und wieder herausnehmen. Das zweite Omelette auf gleicher Weise. Tomate in Scheiben schneiden und damit das Omelette damit belegen. Die Tomaten mit Mozzarella bestreuen.

Dann das Omelette auf das Backblech legen und etwa für 10 Minuten im Ofen bei 180°C garen. Wenn der Käse geschmolzen ist, Omelette wieder aus dem Ofen nehmen und mit Basilikumblättern bestreuen. Nun das Gericht servieren!

TOMATENSUPPE MIT MUSKAT UND INGWER

NÄHRWERTE PRO PORTION

KCAL:	244 kcal
EIWEISS:	1.9 g
FETT:	20.9 g
KOHLENHYDRATE:	4.6 g

ZUTATEN FÜR 4 PORTIONEN:

- 1 kg BIO Tomaten
- 2 Schalotten
- 2 Knoblauchzehen
- 500 ml Gemüse Fond
- 70 g Butter
- 5 - 6 Zweige Thymian
- 2 Lorbeerblätter

- 1 Stück Ingwer
- Saft einer halben Zitrone
- 3 EL Olivenöl
- 2 TL Xucker
- Muskat
- Meersalz
- Bunter Pfeffer

ZUBEREITUNG

Tomaten in kleine Stücke schneiden. Schalotten, Knoblauch und Ingwer schälen und danach zerkleinern. Öl und Butter in einem Topf erhitzen und Schalotten mit dem Knoblauch anbraten. Danach die Tomaten dazugeben und ebenfalls anbraten. Tomaten mit Fond vorsichtig ablöschen.

Thymian, Lorbeerblätter und Ingwer zur Suppe geben und alles etwas 20 Minuten auf mittlerer Hitze köcheln lassen. Suppe mit frisch geriebener Muskatnuss, Xucker Zitronensaft, Salz und Pfeffer abschmecken.

Thymian dann herausnehmen und die Suppe mit einem Stabmixer pürieren. Suppe anschließend durch ein Sieb langsam passieren. Die Suppe kann nun serviert werden!

CAPRESE SALAT MIT PARMASCHINKEN

NÄHRWERTE PRO PORTION

KCAL:	413 kcal
EIWEIß:	29.8 g
FETT:	29.8 g
KOHLENHYDRATE:	4.9 g

ZUTATEN FÜR 2 PORTIONEN:

- 2 Tomaten
- 2 Handvoll Rucola
- 1 Mozzarella
- 100 g Parmaschinken
- 30 g Parmesan
- 4 Stängel Basilikum

- 1 EL Olivenöl
- Meersalz
- Weißer Pfeffer
- Balsamico - Dattel & Feige

ZUBEREITUNG

Basilikum, Rucola und Tomaten Tomaten waschen und abtropfen lassen. Die Tomaten in dünnen Scheiben schneiden. Stiele, die zu lang sind vom Rucola entfernen. Anschließend die Basilikumblätter vom Stiel zupfen. Mozzarella ebenfalls in Scheiben schneiden. Schinken in dünne Stücke zupfen.

Mozarella, Tomaten Parmaschinken und Rucola auf zwei Teller aufteilen und danach mit den Basilikumblättern belegen. Parmesan auf den Salat reiben. Salat mit Salz und Pfeffer abschmecken und mit Olivenöl ein wenig beträufeln. Nach Wunsch etwas Balsamico dazugeben und den Salat servieren.

ROLLMOBS

NÄHRWERTE PRO PORTION

KCAL:	205 kcal
EIWEISS:	18.2 g
FETT:	15 g
KOHLENHYDRATE:	0.8 g

ZUTATEN FÜR 10 PORTIONEN:

- 10 Heringe
- 800 ml Wasser
- 60 ml Essig
- 5 EL Xucker
- 2 kleine rote Zwiebeln
- 2 Lorbeerblätter
- 1 EL Senfkörner
- 1 - 2 EL Meersalz
- Bunter Pfeffer

ZUBEREITUNG

Heringe schuppen, den Kopf abtrennen und danach ausnehmen. Mit einem scharfen Messer die Rückengräte vorsichtig heraustrennen. Zwiebeln schälen und eine davon klein hacken, die zweite in dünne Ringe schneiden.

Für das Einlegen der Heringe für den Sud, in einem Topf die Hälfte der geschnittenen Zwiebel, Essig, Wasser, Xucker und Salz zum Kochen bringen. Die Lorbeerblätter ebenfalls hineingeben und bei mittlerer Hitze ungefähr 30 Minuten zugedeckt köcheln lassen. Den Sud dann auf Zimmertemperatur langsam abkühlen lassen.

Mit der Haut nach unten die Heringe auf ein Brett legen und gut pfeffern, Die Filets danach mit der restlichen Zwiebel belegen und zusammenrollen. Den Hering anschließend mit Holzspießchen fixieren. Die Rollmöpse in einen etwas höheren Behälter schichten. Zwischendurch jeweils die Zwiebelringe hineinlegen.

Die Rollmöpse mit kaltem Sud vorsichtig übergießen, bis sie schließlich komplett mit der Flüssigkeit bedeckt sind. Den Behälter dann gut verschließen und den Fisch im Kühlschrank für 2 Tage ziehen lassen. Den Rollmops am besten mit einer Zange entnehmen, sodass der Sud nicht zu schimmeln anfängt. Dill passt sehr gut zum Rollmops dazu!

ÜBERBACKENER BLUMENKOHL MIT KRÄUTERN

NÄHRWERTE PRO PORTION

KCAL:	223 kcal
EIWEISS:	11.5 g
FETT:	17.8 g
KOHLENHYDRATE:	3.1 g

ZUTATEN FÜR 4 PORTIONEN:

- 500 g Blumenkohl
- 100 g Parmesan
- 50 g Butter
- 1 EL Zitronensaft
- Thymian

- Rosmarin
- Petersilie
- Muskat
- Meersalz
- Pfeffer

ZUBEREITUNG

Blumenkohlblätter entfernen und den Kohl in einer etwas größeren Schüssel waschen. Die Röschen vom Kohl abschneiden und in einem Topf, ausgestattet mit Dämpfeinsatz garen. Kräuter waschen, dann abtropfen lassen und feinhacken.

Die Butter in einer Pfanne schmelzen lassen und die geschnittenen Kräuter hineingeben. Den Blumenkohl in die Pfanne geben und etwas anschwenken. Den Blumenkohl mit Salz und Pfeffer gut würzen. Die Röschen mit etwas Zitronensaft beträufeln und anschließend mit geriebenem Parmesan bestreuen.

Den Blumenkohl dann für etwa 5 Minuten in einem vorgeheizten Backofen auf der obersten Schiene mit Grillfunktion bei 175°C gratinieren. Dann den Blumenkohl auf die Teller verteilen und mit frisch geriebener Muskatnuss ein wenig bestreuen. Das Gericht ist bereit um serviert zu werden!

HÄHNCHENBRUSTFILET MIT SALAT UND ORANGENFILETS

NÄHRWERTE PRO PORTION

KCAL:	190 kcal
EIWEISS:	35.3 g
FETT:	4.3 g
KOHLENHYDRATE:	2.5 g

ZUTATEN FÜR 3 PORTIONEN:

- 450 g Hähnchenbrustfilet
- 1 Orange
- 1 Romana Salatherz
- ¼ rote Zwiebel
- 1 TL Kurkuma
- Himalaya Salz
- Pfeffer
- 1 EL Olivenöl

ZUBEREITUNG

Die Orange schälen und danach filetieren. Den Salat waschen, danach abtropfen lassen und klein aufschneiden. Die Zwiebel schälen und in dünne Ringe schneiden.

Die Hähnchenbrustfilets in etwas breitere Streifen schneiden. Das Fleisch mit Kurkuma, Salz und Pfeffer von beiden Seiten gut einreiben. Das Öl in einer Pfanne erwärmen und anschließend das Fleisch von allen Seiten gut braten.

Orangen und Salat auf das Teller gebe und die Zwiebelringe dazugeben. Die Hähnchenburstfilets zum Salat dazugeben und servieren.

ENTRECÔTE STEAK

NÄHRWERTE PRO PORTION

KCAL:	648 kcal
EIWEIß:	50.2 g
FETT:	47.8 g
KOHLENHYDRATE:	2.7 g

ZUTATEN FÜR 2 PORTIONEN:

- 500 g Entrecôte Steak (1 Stück)
- 50 g Butter
- 1 Knoblauchknolle
- 1 EL Olivenöl
- 2 Stiele Thymian
- Meersalz
- Pfeffer

ZUBEREITUNG

Das Fleisch abspülen und anschließend trocken tupfen, etwas salzen und kurz ruhen lassen. Butter und Öl in einer Pfanne erhitzen. Die Knoblauchknolle quer durchschneiden und zusammen mit den Thymian in eine Pfanne geben.

Das Fleisch von jeder Seite ungefähr 5 Minuten braten lassen. Das Steak dabei mehrmals wenden.

Das Fleisch aus der Pfanne geben und danach im Ofen bei 50°C für etwa 8 Minuten ruhen lassen. Die Flüssigkeit verteilt sich dadurch gleichmäßig im Fleisch.

GERÄUCHERTE FORELLE MIT DRESSING UND SPINAT

NÄHRWERTE PRO PORTION

KCAL:	266 kcal
EIWEISS:	15.3 g
FETT:	21.7 g
KOHLENHYDRATE:	1.9 g

ZUTATEN FÜR 1 PORTIONEN:

- 1 Forellenfilet, geräuchert
- 1 Handvoll kleine Spinatblätter
- 30 g Blattsalat Mix Bio
- 1 Knoblauchzehe
- 2 EL Olivenöl
- 1 EL Apfelessig
- Himalaya Salz
- Bunter Pfeffer

ZUBEREITUNG

Die Spinat- und Salatblätter waschen und in einer Salatschleuder trocknen. Den Knoblauch schälen und danach grob hacken.

Für das Dressing Essig und Öl miteinander vermischen. Dann mit Salz und Pfeffer würzen. Den Knoblauch zum fertigen Dressing geben und ein paar Sekunden ziehen lassen.

Den Salat auf einem Teller geben und das Forellenfilet darauf legen. Den Dressing über den Salat und Fisch geben und servieren.

PUTEN-KEBAB-SPIEßE MIT SALAT

NÄHRWERTE PRO PORTION

KCAL:	335 kcal
EIWEIß:	9.2 g
FETT:	9.2 g
KOHLENHYDRATE:	1.7 g

ZUTATEN FÜR 2 PORTIONEN:

- 500 g Bio Putenbrust
- 125 g Bio Blattsalat Mix
- 1 EL Kebab Gewürz
- 1 EL Senf mit Körnern
- 1 EL Olivenöl
- Meersalz

ZUBEREITUNG

Die Putenbrust in ungefähr 3 cm kleine Würfel schneiden. Die Fleischwürfel danach in die Schüssel geben und mit etwas Kebab Gewürz, Meersalz, körnigem Senf und Öl marinieren. Das Fleisch abgedeckt für etwa 1 Stunde im Kühlschrank ziehen lassen.

Die Holzspieße im Wasser leicht einweichen. Danach die Salatblätter waschen und mit einer Salatschleuder trocknen. Das Fleisch nun auf die Spieße stecken und in einer größeren Pfanne von allen Seiten ein paar Minuten braten.

Puten-Kebab-Spieße und Salat auf einem Teller anrichten und servieren.

RUCOLA-GORGONZOLA-SALAT

NÄHRWERTE PRO PORTION

KCAL:	406 kcal
EIWEIß:	23.8 g
FETT:	31 g
KOHLENHYDRATE:	4.5 g

ZUTATEN FÜR 2 PORTIONEN:

- 250 g Rucola
- 200 g Gorgonzola
- ½ Salatkopf
- 1 Tomate
- 1 EL Zitronensaft
- Meersalz (Fleur de sel)
- Pfeffer
- Balsamico - Dattel & Feige

ZUBEREITUNG

Salat und Rucola waschen und in einer Salatschleuder trockne. Die Tomaten waschen und danach achteln. Den Gorgonzola in kleine Würfel schneiden.

Salat und Rucola auf zwei Tellern geben und mit etwas Zitronensaft beträufeln. Die Tomatenstücke dazulegen. Anschließend mit Salz und Pfeffer würzen. Den Gorgonzola dazugeben und je nach Wunsch mit Balsamico beträufeln.

SPIEGELEI MIT PAPRIKA UND BROKKOLI

NÄHRWERTE PRO PORTION

KCAL:	220 kcal
EIWEISS:	13.6 g
FETT:	17.1 g
KOHLENHYDRATE:	2.8 g

ZUTATEN FÜR 1 PORTIONEN:

- 3 Eier
- 3 - 4 Brokkoli-Röschen
- ½ rote Paprika
- 1 TL Butter
- 1 TL Kokosöl
- etwas Petersilie
- Meersalz
- Weißer Pfeffer

ZUBEREITUNG

Paprika in Würfel schneiden. Die Brokkoliröschen, wen man möchte halbieren. Die Petersilie waschen und danach abtropfen lassen.

Die Butter und das Kokosöl in der Pfanne erhitzen und danach den Brokkoli und Paprika darin andünsten. Die Eier in die heiße Pfanne dazugeben. Die Hitze reduzieren und anschließend alles für mehrere Minuten braten.

Die Spiegeleier zum Schluss mit Salz und Pfeffer würzen. Die Petersilie vom Stiel zupfen und danach über das Gemüse und die Eier geben.

OMELETTE MIT ZWIEBELN UND CHAMPIGNONS

NÄHRWERTE PRO PORTION

KCAL:	445 kcal
EIWEISS:	21.7 g
FETT:	17.1 g
KOHLENHYDRATE:	4.6 g

ZUTATEN FÜR 2 PORTIONEN:

- 6 Eier
- 2 EL Sahne
- 10 - 12 Champignons
- ½ kleine Zwiebel
- 2 EL Butter
- 1 EL Olivenöl
- 8 - 10 Stängel Schnittlauch
- Meersalz & Pfeffer

ZUBEREITUNG

Alle Eier in der Schüssel aufschlagen. Sahne, Salz und Pfeffer dazuführen und vermischen. Die Zwiebel in dünne Streifen schneiden. Die Champignons putzen (nicht waschen) und danach in Scheiben schneiden. Den Schnittlauch anschließend in Ringe schneiden.

Olivenöl und Butter in der Pfanne schmelzen und die Pilze dabei scharf anbraten. Danach die Pilze wieder herausnehmen und zur Seite stellen. Danach die Hälfte Eimischung in die Pfanne geben und bei mittlerer Hitze braten lassen. Zwischendurch immer wieder wenden. Das zweite Omelette ganz gleich zubereiten.

Die Zwiebel und Pilze auf das Omelette geben und zusammenklappen. Die Omeletten mit Schnittlauch bestreuen und danach servieren.

GRILLSPIESSE MIT HUHN, PILZEN UND PIMIENTOS

NÄHRWERTE PRO PORTION

KCAL:	148 kcal
EIWEISS:	30.7 g
FETT:	2.3 g
KOHLENHYDRATE:	1.8 g

ZUTATEN FÜR 4 PORTIONEN:

- 500 g Hähnchenbrust
- 20 braune Champignons
- 20 Pimientos
- 1 TL Kurkuma
- 1 TL Curry
- 1 TL Chiliflocken
- Meersalz & Pfeffer

ZUBEREITUNG

Die Hähnchenbrust gleichmäßig in Würfel schneiden. Die Champignons putzen (nicht waschen) und die Stiele kürzen.

Pimientos, Champignons und Fleisch nacheinander auf die Spieße stecken. Die Gewürze in die Schüssel geben und danach vermischen.

Die Gewürzmischung auf einen Teller geben. Die Spieße darin wenden. Die Spieße auf einen Grill oder in eine Grillpfanne legen und garen.

TOM YAM GUNG SUPPE

NÄHRWERTE PRO PORTION

KCAL:	200 kcal
EIWEISS:	13 g
FETT:	11.5 g
KOHLENHYDRATE:	2.1 g

ZUTATEN FÜR 4 PORTIONEN:

- 250 g Garnelen, ungeschält, ohne Kopf
- 200 g Champignons
- 800 ml Gemüse Fond
- 200 ml Kokosmilch
- 2 EL Fischsauce
- 1 Frühlingszwiebel
- 4 Zitronenblätter
- 1 Stange Zitronengras
- 1 Bund Koriander
- frische Ingwer, etwa 5 cm
- frischer Limettensaft
- Chili-Paste
- Bambus Salz
- Pfeffer

ZUBEREITUNG

Den Ingwer in dünne Scheiben schneiden. Die Champignons putzen und danach halbieren. Frühlingszwiebel und Zitronengras in etwa 2 cm kleine Stücke schneiden. Gemüsefond zusammen mit Frühlingszwiebel, Ingwer, Zitronenblättern und -gras für ungefähr 5 Minuten köcheln lassen. Die Garnelen, Champignons, Fischsauce und Chili-Paste dazugeben und etwa für 10 Minuten weiter kochen lassen.

Die Kokosmilch dazugeben und umrühren. Die Suppe mit etwas Limettensaft, Salz und Pfeffer würzen und noch einmal für ein paar Minuten ziehen lassen. Die Korinaderblätter grob hacken und anschließend über die Suppe geben.

SCHWEINEFILET IN PILZSAUCE

NÄHRWERTE PRO PORTION

KCAL:	381 kcal
EIWEIß:	37 g
FETT:	25 g
KOHLENHYDRATE:	2.8 g

ZUTATEN FÜR 4 PORTIONEN:

- 600 g Schweinefilet
- 400 g Pfifferlinge
- 2 Schalotten
- 200 ml Gemüse Fond
- 200 ml Sahne
- 1 Knoblauchzehe
- 1 TL frischen Zitronensaft
- Himalaya Salz
- Pfeffer
- 1 EL Butter
- 1 EL Olivenöl

ZUBEREITUNG

Zuerst die Pfifferlinge abspülen und abtropfen lassen. Dann mit einem Messer und einer Pilzbürste säubern, das Stielende dabei leicht abschneiden. Den Backofen auf 80°C vorheizen. Schalotten und Knoblauch abpellen und in feine Würfel schneiden.

Das Schweinefilet von den Silberstreifen und vom Fett befreien, abspülen und danach mit dem Küchentuch trockentupfen. Das Schweinefilet in gleich dicke Medaillons aufschneiden und mit Salz und Pfeffer würzen. Das Öl in einen Bräter geben und erhitzen. Die Filetstückchen darin von beiden Seiten etwa 2 bis 3 Minuten anbraten. Anschließend auf dem Küchentuch trockentupfen, in einer Alufolie einschlagen und dann im Backofen ruhen lassen.

Die Butter in einen Bräter geben, Schalottenwürfel, Knoblauchwürfel und die Pfifferlinge hinzuführen und anbraten. Mit Gemüsefond ablöschen und danach mit etwas Sahne auffüllen und kochen lassen.

Die Sauce würzen und mit Zitronensaft abschmecken. Danach etwa bis zur Hälfte einköcheln lassen. Anschließend die Filetstücke in die Sauce dazugeben und ungefähr 5 Minuten leicht kochen lassen.

ERDBEER VANILLE SHAKE

NÄHRWERTE PRO PORTION

KCAL:	96 kcal
EIWEIß:	13.2 g
FETT:	1.4 g
KOHLENHYDRATE:	5 g

ZUTATEN FÜR 2 PORTIONEN:

- 150 g Erdbeeren
- 25 g Vegan & Glutenfrei Vanille Eiweißpulver
- 100 g Sojajoghurt
- 200 ml Wasser

ZUBEREITUNG

Die Erdbeeren waschen und den Stiel entfernen. In einen Standmixer die ganzen Zutaten geben und für ein paar Minuten fein pürieren. Den Shake danach auf zwei Gläser aufteilen und genießen.

FISCHBÄLLCHEN MIT KOKOSPANADE

NÄHRWERTE PRO PORTION

KCAL:	454kcal
EIWEISS:	22.7 g
FETT:	34.6 g
KOHLENHYDRATE:	4 g

ZUTATEN FÜR 4 PORTIONEN:

Für die Fischbällchen

- 400 g Kabeljau
- 1 Chilischote
- 1 Knoblauchzehe
- Kokosmehl zum Wenden
- 150 g Kokosflocken
- 1 Ei
- 1 Bund Koriander
- Himalaya Salz
- Weißer Pfeffer
- 50 g Kokosöl

Für die Sauce

- 1 Stange Lauch
- 1 Schalotte
- 300 ml Fischfond
- 100 ml Weißwein
- 1 TL Xucker
- Himalaya Salz
- Pfeffer
- 1 EL Butter

ZUBEREITUNG

Das Fischfilet abspülen, trockentupfen und anschließend fein würfeln. Die Chilischote halbieren, dann entkernen und davon die Trennwände entfernen. Den Knoblauch abpellen und danach auspressen. Den Koriander abspülen, trocken schütteln und dünn schneiden. Alles zusammen in der Schüssel vermengen, mit Salz und Pfeffer würzen und daraus kleine Kugeln formen.

Das Ei aufschlagen und würzen. Das Mehl auf einen Teller verteilen und die Kugeln darin wälzen. Die Fischkugeln danach durch das Ei langsam durchziehen und in den Kokosflocken wenden.

Das Kokosöl erhitzen und die Kugeln ungefähr 4 - 6 Minuten auf jeder Seite goldbraun backen. Den Vorgang wiederholen bis alle Bällchen fertig sind. Danach die fertigen Fischbällchen am besten auf einem Küchenpapier abtropfen lassen. Im vorgeheizten Backofen danach bei 80°C Umluft warm halten.

Den Lauch einmal längs und dann quer halbieren. Die Lauchblätter abspülen und trockentupfen, danach in dünne Ringe schneiden. Die Schalotte abpellen und fein schneiden.

Die Butter in der Pfanne schmelzen, die Schalotten anbraten und den Lauch dazu geben. Den Lauch anbraten und anschließend mit Weißwein ablöschen und schließlich alles einkochen lassen. Mit Gemüsefond auffüllen und dann alles ungefähr 15 - 20 Minuten einkochen lassen. Mit Salz, Pfeffer und Xucker abschmecken.

Den Lauch auf dem Teller verteilen und die Fischbällchen dazugeben. die Pfifferlinge hinzuführen und anbraten. Mit Gemüsefond ablöschen und danach mit etwas Sahne auffüllen und kochen lassen.

Die Sauce würzen und mit Zitronensaft abschmecken. Danach etwa bis zur Hälfte einköcheln lassen. Anschließend die Filetstücke in die Sauce dazugeben und ungefähr 5 Minuten leicht kochen lassen.

GEGRILLTES STEAK MIT GRÜNEN BOHNEN

NÄHRWERTE PRO PORTION

KCAL:	210 kcal
EIWEIß:	25.7 g
FETT:	8.1 g
KOHLENHYDRATE:	3.7 g

ZUTATEN FÜR 2 PORTIONEN:

- 2 Rindersteaks á 200 g
- 100 g grüne Bohnen
- 4 Streifen Speck
- 2 Zweige Rosmarin
- Meersalz
- Pfeffer

ZUBEREITUNG

Die Steaks waschen und mit einem Küchentuch trocken tupfen. Die Bohnen putzen und ungefähr 5 Minuten in einem kochenden Wasser blanchieren. Die Bohnen anschließend in den Sieb abtropfen lassen, den Speck bereitlegen und wenige Bohnen zu einem Bündel mit den Speckstreifen zusammenrollen.

Die Steaks auf einen heißen Grill legen und nach etwa 2 Minuten umdrehen. Jeweils einen Rosmarinzweig darauf legen und je nach Wunsch Steaks medium oder blutig braten. Die Bohnenbündel ungefähr 5 Minuten auf den Grill legen, wo nicht die und mehrmals drehen.

Die Steaks danach vom Grill nehmen und würzen. Die Speckbohnenbündel dazulegen und anschließend servieren.

SPARGELSALAT MIT GARNELEN UND EI

NÄHRWERTE PRO PORTION

KCAL:	290 kcal
EIWEIß:	16.3 g
FETT:	14.6 g
KOHLENHYDRATE:	4.4 g

ZUTATEN FÜR 4 PORTIONEN:

- 500 g grünen Spargel
- 4 Eier
- 24 Garnelen ohne Haut und Kopf
- 2 Tomaten
- 4 Knoblauchzehen
- Himalaya Salz
- Pfeffer
- Muskat
- 4 EL Olivenöl
- 1 Bio Zitrone

ZUBEREITUNG

Die Eier kochen, abschrecken, abkühlen und abpellen, dann vierteln.

Im unteren Drittel die Spargel schälen und das Ende abschneiden. Die Spargel danach in etwa 3 cm lange Stücke schneiden. 1 EL Olivenöl in einer Pfanne erhitzen. Den Spargel darin ungefähr 3 - 4 Minuten anbraten und mit Salz und Pfeffer abschmecken. Den Spargel wieder herausholen und abtropfen lassen.

Die Tomaten abspülen, vierteln und danach die inneren Kerne gut entfernen. Jedes Viertel noch einmal halbieren.
Den Knoblauch schälen und dünn aufschneiden. Das restliche Öl in einer Pfanne erhitzen. Die Garnelen darin ungefähr 2 Minuten auf jeder Seite braten, zwischendurch den Knoblauch dazugeben. Anschließend die Garnelen mit frisch gepresstem Zitronensaft ein wenig beträufeln.

Den Spargel, die Eier und die Tomaten auf die Teller anrichten und danach mit Salz, Pfeffer und frischer Muskatnuss würzen. Die Garnelen dazulegen und servieren.

THUNFISCHSTEAK

NÄHRWERTE PRO PORTION

KCAL:	297 kcal
EIWEIß:	50.1 g
FETT:	12.6 g
KOHLENHYDRATE:	0.1 g

ZUTATEN FÜR 2 PORTIONEN:

- 2 Thunfischsteaks á 200 g
- 1 EL Sesamöl
- 1 EL Butter
- 1 Knoblauchknolle
- 1 Bio Zitrone
- Meersalz (Fleur de sel)
- Bunter Pfeffer

ZUBEREITUNG

1. Die Thunfischsteaks abspülen und mit einem Küchentuch trockentupfen. Die Knoblauchknolle halbieren. Die Zitrone abspülen und danach in kleine Schiffchen schneiden.

2. Das Sesamöl in die Pfanne geben und erhitzen. Knoblauch mit der angeschnittenen Seite dazu in die Pfanne geben. Die Thunfischsteaks hinzu geben und von beiden Seiten etwa 1 Minute anbraten. Die Butter in eine Pfanne geben und die Thunfischsteaks mi heißen Öl aus der Pfanne langsam beträufeln. Nach 30 Sekunden die Steaks aus der Pfanne geben und von beiden Seiten mit Salz und Pfeffer würzen.

3. Die Thunfischsteaks mit der Zitrone servieren.

PFIFFERLINGE GEBRATEN IN THYMIAN-ZITRONEN-BUTTER

NÄHRWERTE PRO PORTION

KCAL:	135 kcal
EIWEIß:	2.1 g
FETT:	14 g
KOHLENHYDRATE:	0.4 g

ZUTATEN FÜR 2 PORTIONEN:

- 500 g Pfifferlinge
- 3 EL Butter
- 6 - 8 Stiele Thymian
- 1 Bio Zitrone für Zitronenzesten
- 2 Knoblauchzehen
- Bambus Salz
- Pfeffer
- Muskat
- 1 TL Olivenöl

ZUBEREITUNG

Zuerst die Pilze abbürsten und gründlich säubern, wenn nötig abspülen. Die Zitronenschale abreiben und auf die Seite stellen. Den Knoblauch schälen und dünn aufschneiden. Die Thymianblätter sorgfältig vom Stiel zupfen und ebenfalls dünn aufschneiden.

Öl und Butter in einer Pfanne erhitzen. Zitronenzesten, Thymian und den Knoblauch dazugeben und alles ganz leicht anbraten. Die Pfifferlinge dazu in die Pfanne geben und alles durchschwenken. Jetzt die Hitze reduzieren und für ungefähr 10 Minuten braten lassen. Pilze würzen und mit Muskat abschmecken.

ERDBEER VANILLE SHAKE

NÄHRWERTE PRO PORTION

KCAL:	96 g
EIWEISS:	13.2 g
FETT:	1.4 g
KOHLENHYDRATE:	5 g

ZUTATEN FÜR 2 PORTIONEN:

- 150 g Erdbeeren
- 25 g Vegan & Glutenfrei Vanille Eiweißpulver
- 100 g Sojajoghurt
- 200 ml Wasser

ZUBEREITUNG

Die Erdbeeren gründlich waschen und den Stiel entfernen. In einen Standmixer alle Zutaten geben und danach alles fein pürieren. Den fertigen Shake auf zwei Gläser aufteilen und anschließend gekühlt genießen.

GEBRATENE CHAMPIGNONS

NÄHRWERTE PRO PORTION

KCAL:	164 kcal
EIWEIß:	7 g
FETT:	14 g
KOHLENHYDRATE:	2 g

ZUTATEN FÜR 2 PORTIONEN:

- 500 g braune Champignons
- 1 Zweig Rosmarin
- 2 Zweige Thymian
- 2 Zweige Oregano
- 6 Stängel Petersilie
- 2 Zehen Knoblauch
- 2 cm geriebenen Ingwer
- 1/2 TL Zitronenzesten
- 1 Prise Muskat
- Meersalz (Fleur de sel)
- Schwarzer Malabar Pfeffer
- 3 EL Olivenöl

ZUBEREITUNG

Die Champignons putzen und danach vierteln. Die Kräuter zupfen und fein aufschneiden. Den Knoblauch schälen und dünn aufschneiden. Danach den Ingwer reiben.

1 EL Öl in eine Pfanne geben und die Pilze bei starker Hitze von allen Seiten anbraten.

Die Pilze in die Schüssel geben und mit allen Kräutern, den Ingwer und den Knoblauch vermischen. Mit Muskat und Salz, Pfeffer abschmecken.

MANDELKUCHEN

NÄHRWERTE PRO PORTION

KCAL:	141 kcal
EIWEIß:	6 g
FETT:	6 g
KOHLENHYDRATE:	1 g

ZUTATEN FÜR 2 PORTIONEN:

- 150 g gemahlene Mandeln
- 6 Eier
- 1 Bio Orange
- 1 Bio Zitrone
- 1 Prise Meersalz
- 1 Prise Bourbon-Vanille, gemahlen
- 1/2 TL Zimt
- 120 g Xucker
- 40 g Puder-Xucker
- Fett für die Form
- evtl. Alufolie

ZUBEREITUNG

Zuerst den Ofen auf 175°C Umluft vorheizen. Die Zitrone und die Orange unter warmen Wasser etwas abbrausen, abtrocknen und danach die Schale fein abreiben. Die Orange anschließend auspressen.

Die Eier trennen, mit einer Prise Meersalz die Eiweiße steif schlagen. Das Eigelb, Xucker und Bourbon-Vanille cremig rühren. Danach die gemahlene Mandeln, Zimt, Schalenabrieb und Orangensaft unterrühren. Den Eischnee langsam unter die Mandelmasse heben.

Danach die Mandelmasse in eine Kuchenform füllen und schließlich im vorgeheizten Backofen etwa 1 Stunde backen. Den Kuchen danach ungefaehr 5 - 10 Minuten vor dem Ende der Backzeit mit etwas Alufolie abdecken, denn so wird er nicht zu dunkel.

Den Kuchen aus dem Ofen geben und auskühlen lassen. Den Mandelkuchen mit etwas Puder-Xucker bestreuen und servieren.

REHSTEAKS MIT PFIFFERLINGEN

NÄHRWERTE PRO PORTION

KCAL:	197 kcal
EIWEIß:	33.6 g
FETT:	6.5 g
KOHLENHYDRATE:	3.6 g

ZUTATEN FÜR 4 PORTIONEN:

- 500 g Rehrückenfilet (küchenfertig)
- 250 g Pfifferlinge
- 250 g Brokkoli
- 150 ml Gemüse Fond
- Schnittlauch
- 1 Zwiebel
- 2 Knoblauchzehen
- 2-3 Zweige Thymian
- 1 EL Beerenkonfitüre
- 1 Prise Muskat
- 1 EL Johannisbrotkernmehl
- 1 EL Olivenöl
- Meersalz
- Pfeffer

ZUBEREITUNG

1. Die Brokkoli waschen und dann in kleine Röschen teilen. Ebenfalls den Stiel schälen und in feine Scheiben schneiden. Auf dem Dämpfeinsatz auslegen und anschließend die Brokkoliröschen darauf verteilen. Dämpfeinsatz in einen gefüllten, geeigneten Topf mit Wasser geben. Danach alles ca. 10 Minuten bei niedriger Temperatur im zugedeckten Topf dämpfen.

2. Die Pfifferlinge putzen, wenn notwendig waschen, abtrocknen und bei Seite legen. Die Zwiebel schälen und danach grob würfeln. Rehfilet von beiden Seiten salzen und pfeffern. Danach etwas Olivenöl in eine Pfanne geben, den Knoblauch auf der flachen Seite zerdrücken und mit der Zwiebel, den Filtesteaks und den Thymian zusammen mit in die Pfanne geben. Danach die Rehsteaks von beiden Seite eine halbe Minute gut anbraten. Die Steaks mit Thymian und den Knoblauch in Alufolie legen und in einen vorgeheizten Ofen bei ungefähr 70°C für etwa 20 Minuten ziehen lassen.

3. Für den Bratsud einen Gemüsefond dazugeben und die Hitze etwas reduzieren. Die Beerenkonfitüre, wie auch das Johannesbrotkernmehl unterrühren und mit Muskat, Salz und Pfeffer abschmecken. Die Sauce danach durchsieben, abfüllen und damit sie warmbleibt in den Ofen stellen.

4. Die Pfifferlinge im Öl anbraten, mit Muskat, Salz, Pfeffer und Schnittlauch abschmecken. Anrichten und servieren.

RINDFLEISCHSALAT–ÖSTERREICHISCHE ART

NÄHRWERTE PRO PORTION

KCAL:	247 kcal
EIWEISS:	18.8 g
FETT:	16.8 g
KOHLENHYDRATE:	4.4 g

ZUTATEN FÜR 4 PORTIONEN:

- 400 g Reste vom gekochten Rindfleisch, z.B. Tafelspitz
- 2 rote Zwiebeln
- 1 EL Kapern
- 5 EL steirisches Kürbiskernöl
- 3 EL Balsamicoessig (oder Bio Apfelessig)
- Thymian
- Meersalz (Fleur de sel)
- Pfeffer

ZUBEREITUNG

Das Rindfleisch (am besten vom Vortag) in dünne Streifen schneiden. Die Kapern sehr fein aufschneiden. Die Zwiebeln pellen, danach achteln und quer in Ringe aufschneiden. Die Thymianblätter waschen und anschließend von den Stielen zupfen.

Danach alles in die Schüssel geben. Das Kürbiskernöl, den Essig, den Thymian und das Salz, wie auch den Pfeffer dazugeben. Dann alles ordentlich vermengen. Wenn man möchte, kann man auch den Salat noch etwas ziehen lassen.

SCHARFE GRILLSPIEßE MIT SALAT

NÄHRWERTE PRO PORTION

KCAL:	123 kcal
EIWEIß:	48 g
FETT:	10.7 g
KOHLENHYDRATE:	4.2 g

ZUTATEN FÜR 6 PERSONEN:

Für die Spieße
- 800 g Schweinefleisch
- 100 g Bauchspeck
- 1 Bio Limette
- 4 Knoblauchzehen
- 1 rote Chilischote
- 1 TL Harissa
- 1 TL Samba Oelek

Für den Salat
- 1/2 Eisbergsalat
- 1 rote Paprika
- 1 Bio Limette
- Salz und Pfeffer (Mühle)
- 1 TL Xucker
- 1 EL Olivenöl

ZUBEREITUNG

Das Schweinefleisch in 3 x 3 cm große Würfel hacken. Den Bauchspeck in feine Scheiben, etwa so groß, wie das Schweinfleisch, aufschneiden.

Die Limette in zwei Hälften teilen, eine Hälfte davon auspressen und danach den Saft in die Schüssel geben. Den Knoblauch auspressen und mit Samba, Harissa, Oelek, Salz und Pfeffer zusammen zu dem Limettensaft geben und vermischen.

Die Chilischote in feine Ringe schneiden und danach mit dem Schweinefleisch und den Bauchspeck in die Marinade dazu geben. Anschließend alles ordentlich vermischen und etwa 10 bis 15 Minuten ziehen lassen.

Den Salat klein schneiden. Den Paprika halbieren und den Steg, wie auch die Kerne entfernen, danach fein würfeln. Die zweite Limette waschen und dünn aufschneiden.

Für das Dressing - den Saft der übrig gebliebenen halben Limette, Olivenöl, Xucker, Salz und Pfeffer vermischen und abschmecken.

Das Fleisch und dem Speck abwechselnd auf die Holzspieße geben und von jeder Seite etwa 2 - 3 Minuten grillen.

Den Salat auf das Teller füllen und mit den Dressing und Limettenscheiben garnieren. Danach jeweils zwei Spieße auf die Teller geben und servieren.

CARPACCIO MIT KÄSE UND RUCOLA

NÄHRWERTE PRO PORTION

KCAL:	322 kcal
EIWEIß:	34.1 g
FETT:	22.7 g
KOHLENHYDRATE:	1.5 g

ZUTATEN FÜR 4 PORTIONEN

- 400 g Rinderfilet (a. d. Mitte)
- 1 Bund Rucola
- 40 g Parmesan (Stück)
- 20 g Pinienkerne
- Meersalz (Fleur de sel)
- Pfeffer (Mühle)
- 4 EL Olivenöl

ZUBEREITUNG

Die Pinienkerne in der Pfanne goldbraun anbraten. Den Ruccola waschen und danach die Stielansätze entfernen.

Das Rinderfilet in sehr dünne Scheiben schneiden. Anschießend die einzelnen Scheiben mit einer Frischhaltefolie abdecken und am besten mit dem Boden einer Schüssel plattenieren.

Danach die dünnen Rinderfiletscheiben auf insgesamt 4 Tellern verteilen, etwas Parmesan darüberreiben, Pninienkerne und Rucola obendrauf verteilen. Den Carpaccio abschließend salzen und pfeffern und mit Olivenöl betreufeln.

SCHOKOMUFFINS MIT ERDBEEREN

NÄHRWERTE PRO PORTION

KCAL:	123 kcal
EIWEIß:	7.2 g
FETT:	5.9 g
KOHLENHYDRATE:	4.9 g

ZUTATEN FÜR 12 PORTIONEN:

- 250 g Erdbeeren
- 150 g Mandelmehl, entölt
- 3 Eier
- 100 g Bitterschokolade 70%
- 2 EL Magerquark
- 1 TL Weinsteinbackpulver
- 2 EL Butter
- 2 TL BIO Kakao, entölt
- Xucker nach Geschmack

ZUBEREITUNG

Den Backofen zuerst auf 180°C vorheizen. Danach die Schokolade und die Butter in einem Wasserbad schmelzen.

Die Eier trennen, mit einem Schneebesen die Eiweiße schaumig schlagen.

Das Mehl, das Weinsteinbackpulver und den Xucker mit der Schokoladen-Butter-Mischung vermischen. Den Eischnee und Magerquark dazugeben und alles mit einem Mixer vermischen.

Die Muffinförmchen auf ein Muffinblech geben und danach mit Teig füllen. Die Muffins für etwa 25 - 30 Minuten im Backofen backen.

Die Muffins abkühlen lassen und mit Kakaopulver bestreuen. Zusammen mit den Erdbeeren servieren.

WARMER SPARGELSALAT

NÄHRWERTE PRO PORTION

KCAL:	190 kcal
EIWEISS:	1.7 g
FETT:	18.3 g
KOHLENHYDRATE:	3.7 g

ZUTATEN FÜR 2 PORTIONEN:

- 4 Stangen weißer Spargel
- 4 EL Olivenöl
- 2 EL Weißweinessig
- 1 EL Erdbeermarmelade
- Meersalz & Pfeffer (Mühle)

ZUBEREITUNG

Die Spargelstangen schälen und danach die Enden entfernen. Die Spargel diagonal in dünnen Streifen aufschneiden.

Weißweinessig, Erdbeermarmelade und Olivenöl in einer Schüssel verrühren. Die angerührte Vinaigrette salzen und pfeffern.

In der Pfanne Olivenöl erhitzen und den Spargel kurz an allen Seiten anbraten. Die Spargelscheiben danach direkt in die Vinaigrette legen, kurz umrühren und warm servieren.

ERDBEEREN AUF BLATTSPINAT

NÄHRWERTE PRO PORTION

KCAL:	39 kcal
EIWEISS:	2.6 g
FETT:	0.4 g
KOHLENHYDRATE:	3.8 g

ZUTATEN FÜR 4 PORTIONEN:

- 300 g jungen Blattspinat
- 250 g Erdbeeren
- 1 EL Sesam
- Balsamico Creme

ZUBEREITUNG

Den Spinat waschen, anschließend trocken schleudern und in 4 kleine Schüsseln aufteilen. Die Erdbeeren waschen, in der Mitte durchschneiden und auf den Blattspinat geben. Je nach Belieben kann man mit Balsamico Creme garnieren.

Sesam in eine Pfanne geben und leicht anrösten lassen, danach zu den Erdbeeren und Spinat geben und alles servieren.

SCHARFE GUACAMOLE

NÄHRWERTE PRO PORTION

KCAL:	87.5 kcal
EIWEISS:	1.1 g
FETT:	7.5 g
KOHLENHYDRATE:	4.8 g

ZUTATEN FÜR 4 PORTIONEN:

- 2 reife Avocados
- 1 Limette
- 1 Bund Koriander
- 1 grüne Chilischote
- 2 Knoblauchzehen
- Weißer Pfeffer & Salz (Mühle)

ZUBEREITUNG

Die Avocados aufschneiden und den Kern darin entfernen. Danach das Fruchtfleisch mit einem Löffel herausholen und in eine Moulinette geben. Die Limette auspressen und danach den Saft dazugeben. Den Korinader waschen und mit den Stielen dazugeben. Die Chilischote und den Knoblauch dazugeben und anschließend alles durchmixen.

Jetzt mit weißem Pfeffer und Salz abschmecken. Danach alles in eine Schüssel geben und servieren.

PESTO AUS BÄRLAUCH

NÄHRWERTE PRO PORTION

KCAL:	168 kcal
EIWEIß:	3.3 g
FETT:	17.4 g
KOHLENHYDRATE:	0.9 g

ZUTATEN FÜR 8 PORTIONEN:

- 1 Bund Bärlauch
- 30g Pinienkerne
- 30g Parmesan
- 1 Knoblauchzehe
- 125ml Olivenöl
- Salz & Pfeffer aus der Mühle

ZUBEREITUNG

Den Bärlauch abspülen, trocken schütteln und danach grob schneiden. Den Parmesan nun fein reiben. Die Pinienkerne in der Pfanne ohne Fett anrösten. Anschließend den Knoblauch schälen.

Den Bärlauch, die Pinienkerne und den Knoblauch mit einer Moulinette oder einem Stabmixer pürieren. Das Olivenöl dazugeben. Den Parmesan unterrühren und danach mit Salz und Pfeffer würzen.

THUNFISCHFILET MIT SALAT UND KONJAK-NUDELN

NÄHRWERTE PRO PORTION

KCAL:	430 kcal
EIWEISS:	36 g
FETT:	35.5 g
KOHLENHYDRATE:	2.5 g

ZUTATEN FÜR 2 PORTIONEN:

- 2 Scheiben frisches Thunfischfilet á ca. 150 g
- 400 g Konjak Nudeln
- 10 g heller Sesam
- 10 g schwarzer Sesam
- 50 g frische Gurke
- Sproßen & Keimlinge
- Koriander
- Meersalz & Pfeffer (Mühle)

- 1 EL Sesamöl
- Für die Sauce
- 2 El Sojasauce
- 2 EL Reisessig
- 1 EL Fischsauce
- 1/2 Limette
- Ingwer (ca. 15 g)
- 1/2 rote Chilischote

ZUBEREITUNG

Die Konjak Nudeln in das Sieb geben und mit warmem Wasser abspülen bis der Geruch ganz verschwunden ist.

Die Sojasauce, Fischsauce, Reisessig, Limettensaft und frischen Ingwer mit zwei EL Wasser in einer Schüssel vermischen.

Die Chilischote putzen, danach waschen, längs halbieren, entkernen, fein aufschneiden und langsam unter die Sauce rühren.

Die Keimlinge und Sproßen waschen und trocken tupfen. Die Gurke waschen, in Scheiben schneiden und danach in ganz dünne Streifen schneiden.

Hellen und schwarzen Sesam auf einem Teller vermischen. Den Thunfisch abspülen, dann trockentupfen. Mit Salz und Pfeffer würzen. Anschließend von allen Seiten vorsichtig in die Sesammischung drücken.

Die Konjak Nudeln in eine größere Schüssel geben, danach mit heißem Wasser aufgießen und alles ungefähr 5 Minuten erwärmen. Die Nudeln in ein Sie abgießen und abtropfen. Das Öl inzwischen in der beschichteten Pfanne erwärmen und die Thunfischfilets von beiden Seite etwa 2 Minuten braten.

Den Thunfisch aus der Pfanne geben und in dünne Streifen schneiden. Die Nudeln auf dieTeller anrichten und Keimlinge. Sproßen, Gurkenstreifen und Koriander dazugeben. Die Thunfischscheiben anrichten und servieren.

RINDFLEISCHSPIEßE VOM GRILL

NÄHRWERTE PRO PORTION

KCAL:	234 kcal
EIWEIß:	43.5 g
FETT:	5.5 g
KOHLENHYDRATE:	1.6 g

ZUTATEN FÜR 4 PORTIONEN:

- 800 g Rinderhüfte
- 100 g Joghurt
- 2 grüne Paprika
- Cherrytomaten
- 2 Zwiebeln
- Thymianzweige
- 1 TL Kurkuma
- Salz & Pfeffer (Mühle)

ZUBEREITUNG

Das Fleisch waschen, dann abtropfen lassen und in Würfel schneiden. Das Joghurt, Kurkuma, Thymian, Salz und Pfeffer in der Schüssel vermengen und danach das Fleisch dazugeben. Das Rindfleisch mit Joghurt-Gewürz-Mischung vermischen und für etwa 3 - 4 Stunden in den Kühlschrank geben.

Die Paprika waschen und ebenfalls in Würfel schneiden. Die Zwiebel schälen, dann achteln und davon die einzelnen Schichten voneinander trennen. Anschließend auf die Holzspieße, mit einer Cherrytomate beginnen, dann das Fleisch, der Paprika und zum Schluss die Zwiebel stecken. Zum Abschluss kann man auch wieder eine Cherrytomate auf einen Spieß stecken (Holzspieße vorher wässern, somit verbrennen sie nicht).

Spieße auf einen Grill legen und je nach Belieben für etwa 10 bis 15 Minuten, unter abwechselnden wenden, grillen.

GEGRILLTE FORELLE MIT KRÄUTERN UND KNOBLAUCH

NÄHRWERTE PRO PORTION

KCAL:	386 kcal
EIWEIß:	60g
FETT:	15 g
KOHLENHYDRATE:	1 g

ZUTATEN FÜR 4 PORTIONEN:

- 4 Forellen
- (Fischgrillzangen)
- 8 Knoblauchzehen
- 4 Zweige Rosmarin
- 8 Zweige Thymian
- 8 Zweige Koriander
- 2 Bio Zitronen
- 3 EL Olivenöl
- Meersalz & Pfeffer (Mühle)

ZUBEREITUNG

Die Forellen gut abspülen und danach trockentupfen, anschließend von außen und innen mit Salz, wie auch Pfeffer einreiben.

Die Kräuter waschen, trockenschütteln und anschließend die Blätter abzupfen. Die Zitronen warm abwaschen und in schmale Scheiben schneiden. Den Knoblauch schälen und fein aufschneiden.

Die Kräuter mit Knoblauch und Öl mischen. Die Forellen mit der Hälfte von der Kräutermischung, wie auch den Zitronenscheiben befüllen. Danach die restlichen Kräuter und die Zitronenscheiben beim Grillen auf die Forellen verteilen.
Die Fische in eine Grillzangen geben, danach auf den Grill legen und für etwa 15 bis 20 Minuten unter ständigen wenden grillen.

SPARGEL AN EI

NÄHRWERTE PRO PORTION

KCAL:	380 kcal
EIWEISS:	20.3g
FETT:	44.1 g
KOHLENHYDRATE:	4 g

ZUTATEN FÜR 3 PORTIONEN:

- 600g Spargel
- 8 Eier
- Dill

Für das Dressing

- 100 g Butter
- 2 EL Olivenöl
- 1 TL Senf
- 1 Zitrone
- 1 TL Xucker
- Pfeffer grob gemahlen
- Meersalz

ZUBEREITUNG

Die Spargel schälen und die etwas holzigen Enden abschneiden. Reichlich Wasser in einen Topf geben und mit 1 TL Xucker und 1 TL Salz zum Kochen bringen. Die Spargel jetzt bei mittlerer Hitze etwas 20 bis 25 Minuten garen lassen.

Die Eier hart kochen, anschließend die Schale wegnehmen und vierteln.

Für das Dressing:
Die Butter in einer Pfanne zum Schmelzen bringen und zusammen mit Xucker, Olivenöl, Senf und ein paar Spritzer von der Zitrone vermengen. Dann mit Salz und Pfeffer würzen.

Die Spargelstangen halbieren und mit den Eiern zusammen auf die Teller verteilen. Den Dressing über das Gemüse schütten und mit den Dillspitzen anrichten.

GEMÜSESUPPE MIT CHICKENBALLS

NÄHRWERTE PRO PORTION

KCAL:	201 kcal
EIWEIß:	36.9 g
FETT:	4.8 g
KOHLENHYDRATE:	4.5 g

ZUTATEN FÜR 4 PORTIONEN:

- 600 g Hähnchenfleisch (Brust)
- 600 ml Gemüsefond
- 250 g Knollensellerie
- 2 Karotten
- 1/2 Lauchstange
- 2 EL Sojajoguhrt

- 1 Ei
- 1 große Zwiebel
- 4 Knoblauchzehen
- Petersilie
- Basilikum
- Salz & Pfeffer (Mühle)

ZUBEREITUNG

Das Hähnchenfleisch waschen und danach mit einen Küchentuch trocken tupfen. Danach grob würfeln und in einer sogenannten Moulinette zu Hackfleisch zerkleinern. Die Basilikumblätter waschen und ebenfalls grob hacken.

Den Knoblauch schälen und 2 Zehen davon fein aufschneiden. Das Hähnchenhackfleisch in die Schüssel geben, den geschnittenen Knoblauch, Sojajoghurt, Basilikumblätter, Salz und Pfeffer dazugeben. Das Ei trennen, das Eigelb dazu geben und alles gut vermischen. Kleine Klößchen (etwa 3 cm Durchmesser) daraus formen und auf die Seite legen.

Die Karotten schäle, danach längs halbieren und in feine Scheiben schneiden. Den Knollensellerie schälen und anschließend in kleine Würfel hacken. Den Lauch halbieren, danach waschen und in feine Ringe schneiden. Die Zwiebel schälen und fein aufschneiden.

Das Öl in den Topf geben und die Zwiebelwürfel mit dem Knoblauch darin glasig andünsten. Den Lauch, die Sellerie, wie auch die Karotten dazugeben, alles leicht anbraten lassen und danach mit Gemüsefond ablöschen. Nach und nach den gesamten Gemüsefond, die Lorbeerblätter, Salz und Pfeffer dazu mischen und leicht köcheln lassen.

Wasser in einem zweiten Topf aufkochen lassen, etwas Salz dazugeben und die Klöße in das kochende Wasser dazu geben. Schwimmen die Klöße oben mit einer Schaumkeller heraus nehmen und anschließend zur Gemüsesuppe geben. Die Gemüsesuppe anschließend mit den Klößen für etwa 20 min. köcheln lassen.

Die Suppe auf die Teller füllen, gehackte Petersilie dazu geben und servieren.

SPARGEL GRATIN

NÄHRWERTE PRO PORTION

KCAL:	845 kcal
EIWEIß:	23,6g
FETT:	82 g
KOHLENHYDRATE:	3 g

ZUTATEN FÜR 3 PORTIONEN:

- 500 g Spargel
- 6 Scheiben Kochschicken
- 50 g geriebener Emmentaler
- 1 Prise Meersalz
- 1 Prise Xucker
- Für die Hollandaise
- 250 g Butter
- 3 Eigelbe
- 6 EL Weißwein (trocken)
- weißer Pfeffer & Salz (Mühle)
- 1 EL frisch gepresster Zitronensaft

ZUBEREITUNG

Den Spargel putzen, dann schälen und die etwas holzigen Enden abschneiden. Einen Topf mit reichlich Wasser füllen und mit 1 TL Salz und 1 TL Xucker zum Kochen bringen. Den Spargel jetzt bei mittlerer Hitze bissfest garen lassen.

Den Backofen auf 180°C vorheizen. Mit Butter eine Auflaufform ausstreichen.

Die Butter für die Sauce Hollandaise zerlassen. Den Wein und die Eigelb in eine Metallschüssel geben. Danach mit einem Schneebesen über einem heißen Wasserbad cremig schlagen.

Danach alles von der Hitze nehmen, die Butter zuerst tropfenweise und dann in einem schmalen Strahl unter ständigem Rühren mit reichen bis man cremige Sauce hat. Die Eimasse sollte nicht gerinnen. Mit Salz und Pfeffer würzen und je nach Belieben mit etwas Zitrone verfeinern.

Den Spargel in eine Auflaufform geben und die Schinkenscheiben darüber geben. Danach ungefähr die Hälfte der Hollandaise darüber geben und anschließend den geriebenen Käse ebenfalls darüber geben. Die Auflaufform in den Backofen geben und alles etwa 15 bis 20 Minuten goldbraun backen.

Das Spargelgratin auf die Teller anrichten, die restliche Hollandaise Sauce dazugeben und servieren.

Die Suppe auf die Teller füllen, gehackte Petersilie dazu geben und servieren.

GEGRILLTE HÄHNCHENSCHENKEL

NÄHRWERTE PRO PORTION

KCAL:	400 kcal
EIWEIß:	28,5g
FETT:	31.2 g
KOHLENHYDRATE:	1 g

ZUTATEN FÜR 4 PORTIONEN:

- 4 Hähnchenschenkel á 150g
- 6 Cherrytomaten
- 1 Knoblauchzehe
- 1 TL Paprikapulver
- 1 TL Kurkuma
- 5 Stängel Petersilie
- 5 Stängel Koriander
- 5 Stängel Basilikum
- 1 EL Olivenöl
- Salz und Pfeffer (Mühle)

ZUBEREITUNG

Den Spargel putzen, dann schälen und die etwas holzigen Enden abschneiden. Einen Die Hähnchenschenkel und die Cherrytomaten waschen und mit einem Küchentuch trockentupfe. In der Schüssel 1 EL Paprikapulver, 1 EL Olivenöl, 1 EL Kurkuma. Wie auch eine ausgepresste Knoblauchzehe vermischen. Die Hähnchenschenkel nun darin einlegen und die restliche Marinade in die Grillpfanne geben.

Die Hähnchenschenkel in die Grillpfanne legen und etwa 3 bis 5 Minuten anbraten, dann bei mittlerer Hitze 20 bis 25 Minuten braten. Die Cherrytomaten zum Schluss 5 Minuten zu den Hähnchenschenkeln dazu geben und mitbraten. Mit Salz und Pfeffer abschmecken.

Basilikum, Koriander und Petersilie fein hacken. Die Kräutermischung über die Hähnchenschenkel geben und anschließend servieren.

LACHS AUF GURKENCHIPS

NÄHRWERTE PRO PORTION

KCAL:	173 kcal
EIWEIß:	14 g
FETT:	10.4 g
KOHLENHYDRATE:	3 g

ZUTATEN FÜR 2 PORTIONEN:

- 100g geräucherten Lachs
- 1/2 Bio Gurke
- 125 g Sojajoghurt
- 4 TL Meerrettich
- 1 Zitrone
- 1 TL Senf
- Kresse
- Salz und weißer Pfeffer (aus der Mühle)

ZUBEREITUNG

Die Gurke waschen und in Scheiben schneiden. Den Lachs in 4 cm lange und 2 cm breite Streifen schneiden.

Meerrettich, Senf, Sojajoghurt und frischen Zitronensaft in der Schüssel vermengen, danach mit Salz und Pfeffer würzen. Jeweils 1 TL auf die Gurkenscheiben geben. Danach die Lachsstreifen zusammengeklappt darauf geben. Anschließend die Kresse darüber verteilen.

BÄRLAUCHCREMESUPPE

NÄHRWERTE PRO PORTION

KCAL:	137 kcal
EIWEISS:	2 g
FETT:	11 g
KOHLENHYDRATE:	1.4 g

ZUTATEN FÜR 4 PORTIONEN:

- 150g Bärlauch
- 500ml Gemüsebrühe
- 150ml Crème fraîche
- 1 Schalotte
- 1 EL Olivenöl
- 1 Bund Schnittlauch
- Salz & Pfeffer (aus der Mühle)

ZUBEREITUNG

Den Bärlauch waschen, danach trocken schütteln und in dünne Streifen aufschneiden. Die Schalotte schälen und fein hacken. Den Schnittlauch ebenfalls fein hacken.

Das Öl im Topf erhitzen. Darin die Schalotte glasig dünsten. Die Brühe und den Bärlauch dazu zugeben und alles für etwa 10 Minuten köcheln lassen.

Danach alles mit dem Pürrierstab fein pürieren und die Crème fraîche einrühren, aufkochen lassen und anschließend mit Salz und Pfeffer würzen. Danach noch einmal alles pürieren und den Schnittlauch ebenfalls einrühren.

Die Bärlauchcremesuppe auf die Suppenteller verteilen und servieren.

IMPRESSUM

VERFASSERIN: LEA SOPHIE

TEXTE: © COPYRIGHT BY

FELIX HERDEMERTENS | DANZIGERSTRAßE 4 | 26789 LEER | E-MAIL: FEHEKINDLE@GMX.DE

ALLE RECHTE VORBEHALTEN.

TAG DER VERÖFFENTLICHUNG: 27.02.2017

DAS WERK, EINSCHLIEßLICH SEINER TEILE, IST URHEBERRECHTLICH GESCHÜTZT. JEDE VERWERTUNG IST OHNE ZUSTIMMUNG DES AUTORS UNZULÄSSIG. DIES GILT INSBESONDERE FÜR DIE ELEKTRONISCHE ODER SONSTIGE VERVIELFÄLTIGUNG,

ÜBERSETZUNG, VERBREITUNG UND ÖFFENTLICHE ZUGÄNGLICHMACHUNG.